翡翠的赌石

翡翠的鉴别

翡翠的鉴赏

沈理达 著

看图识

Emerald

翡翠

翡翠的
价值评估

U0309933

·昆明·

图书在版编目（ＣＩＰ）数据

看图识翡翠 / 沈理达著. －－ 昆明：云南科技出版
社，2015.9
（看图识万物）
ISBN 978－7－5416－9341－0

Ⅰ.①看… Ⅱ.①沈… Ⅲ.①翡翠－基本知识 Ⅳ.
①TS933.21

中国版本图书馆CIP数据核字(2015)第227274号

责任编辑：王　韬
整体设计：晓　晴
责任校对：叶水全
责任印制：翟　苑

云南出版集团公司
云南科技出版社出版发行
（昆明市环城西路609号云南新闻出版大楼　邮政编码：650034）
昆明富新春彩色印务有限公司印刷　全国新华书店经销
开本：889mm×1194mm　1/32　印张：6　字数：120千字
2015年9月第1版　　2015年9月第1次印刷
定价：36.00元

本书大部分图片由厦门植福缘珠宝有限公司提供，但仍有部分文字标题插图的作者尚未联系到，渴望这些作者看到本书后与我公司联系，
我们将尽快奉上稿酬。联系方式：0592-5807808 邮箱：kaven688@163.com

FGA 国际珠宝鉴定师

《中国珠宝》杂志专家顾问

中国商业联合会翡翠研究会会长

CCTV1《寻宝》栏目珠宝玉石类鉴赏专家

出版《翡翠素养》《翡翠审美》《沈理达说翡翠》等著作

Preface 自 序

我们为什么爱翡翠

举办讲座及参加央视"寻宝"节目时，被问到最多的两个问题是——"这块玉是真的吗？"以及"它值多少钱？"

真假和价值当然很重要，但更重要的，是玉所带来的美好。中国人自古就把玉视为一切美好追求、祝愿、企盼、向往的象征，甚至作为一切美好的人、事、愿及意象的代名词。《辞海》中以玉冠名的词组目不暇接：玉人、玉郎、金童玉女、玉容、玉面、玉手、亭亭玉立、金枝玉叶、玉树临风……玉，这种特殊的被人格化了的物质，其意蕴早已融入了中国人的血液，沉淀在了人们的骨子里。

石之极品是钻石，玉之极品是翡翠。首先，翡翠具有意蕴神秘的产地。巍峨挺拔的喜马拉雅山脉南延而隐去的地方就是缅甸克钦邦的帕敢山区，或称雾露河流域，亦即世界90%翡翠的产地。如果说和田白玉是昆仑山冰雪凝结而成的，那翡翠就是喜马拉雅的翠绿滴落而就的，是"神山"对人类的赏赐。

其次，翡翠具有晶莹剔透的质地。翡翠也叫"硬玉"，即指结构紧密、组织细腻、硬度高、光泽好的玉石。她夸张而又不张狂，在晶莹剔透间不是把所有内容都表露无遗，而是若明若暗、若隐若现，给人一种朦胧之美。这种精致、内敛、含蓄，颇具东方女性的特质。

第三，翡翠具有绚丽多彩的颜色。她也许是硬度较高的珠宝中色彩最丰富的，方寸之间，能够富集多种颜色及色变，不能不说是大自然的造化。

第四，翡翠具有巧夺天工的神态。翡翠硬度高、组织细密、色彩丰富，韧性较好，可构思和雕琢许多软玉所不能做到的较细的图案组合，并以各种颜色的巧妙搭配，给人以生动的美感。

第五，翡翠具有底蕴悠深的文化。翡翠，从一开始就是生活的非必需品或奢侈品，在华人圈里，翡翠具有镇宅安家、驱魔辟邪、养身强体、招财纳福、保佑平安等多种吉祥寓意，已成为人们精神世界的一剂良药。

随着社会经济的不断发展，人们对生活非必需品的需求也在日益上升，再加上投资、收藏、审美等需求，对翡翠的关注度日益升温。如何正确地认识翡翠、理解翡翠，在林林总总的翡翠产品中觅得一块心仪的翡翠，都需要专业书籍的指导。市场上关于翡翠的书籍不少，但以简单直白的语言、图片乃至图表，客观直接地呈现的书籍还并不为多。如果说这本书还能因此弥补市场的空白，带给爱玉人一点点启悟和欢喜，我也就心满意足了。

书中的上千幅图片，都是我多年的精心收藏，有些是此而专门拍摄的，务求准确、到位、精美；至于文字，则配合本书的风格，都是通俗易懂的语言，很适合入门级的藏家。当然，我还在研究翡翠的途中，我愿意借这本小册子，和喜爱翡翠的藏友们做进一步的切磋交流。

感谢我们在此书中的隔空相遇。如果不是因为翡翠，我们也将是无数擦肩而过的路人之一，所以，请珍惜这份难得的平易。

感谢为此书出版付出努力的工作人员，你们的细致耐心，让这本书更加精美。

愿爱玉人一生与美相伴、平安吉祥！

看图识翡翠
KANTU SHI FEICUI

Contents 目录

看图识翡翠
KANTU SHI FEICUI
第一部分 壹
Part One

翡翠的
赌石

FEICUI DE DUSHI

一 翡翠的概念

第一部分
翡翠的赌石 **Part One**

化学成分

1 硅酸盐铝钠——$NaAl(Si_2O_6)$，常含 Ca、Cr、Ni、Mn、Mg、Fe 等微量元素。

以硬玉为主要成分的矿物才称为翡翠

矿物成分

2 以硬玉为主，次为绿辉石、钠铬辉石、霓石、角闪石、钠长石等。

翡翠为多晶体纤维交织结构

结晶特点

3 单斜晶系，常呈柱状、纤维状、毡状致密集合体，原料呈块状，次生料为砾石状。

硬度

6.5 ~ 7.0。

解理

细粒集合体，无解理；
粗大颗粒在断面上可见
闪闪发亮的"蝇翅"。

"蝇翅"是翡翠的主要特征

光泽

油脂光泽至玻璃光泽。

透明度

半透明至不透明。

天然翡翠光泽是油脂至玻璃光泽

8 **相对密度**

$3.30 \sim 3.36g/cm^3$，通常为$3.33g/cm^3$。

9 **折射率**

$1.65 \sim 1.67$，在折射仪上1.66附近有一较模糊的阴影边界，一般用点测法。

翡翠折射率在1.66附近

翡翠颜色有色域宽、饱和度高的特点。

10 **颜色**

颜色丰富多彩，按颜色生成可分为两种类型：

①次生色：

其颜色形成与后期风化作用有关。这类颜色为各种深浅不同的红色、黄色和灰色等，其特点是在靠近原料的外皮部分呈近同心状。

②原生色：

原石形成时就有的颜色，为深浅不同的白色、油色、藕粉、灰色、绿色等。

11 **发光性**

浅色翡翠在长波紫外光中发出暗淡的白光、荧光，短波紫外光下无反应。

天然翡翠有着其他宝石所没有的色彩魅力

翡翠原石变化莫测

二 翡翠的形成

形成因素	翡翠形成的特征
形成时间	从侏罗纪（约1.8亿年前）的缅藏板块与欧亚大陆板块碰撞，并向欧亚大陆板块之下俯冲，到第三纪的渐新世（约3500万年前），印巴板块与欧亚大陆板块缅藏板块碰撞期间。
形成地区	凡是有翡翠矿床分布的区域，均是地壳运动较强烈的地带，如处在欧亚板块间的缅甸。
形成条件	翡翠是在一万个大气压和比较低的温度（200～300℃）下由含钠长石（$NaAlSi_3O_8$）的岩石去硅作用而形成的。若要成为特级翡翠，翡翠围岩必须是高镁高钙低铁岩石形成的。

板块运动是翡翠形成的充分必要条件

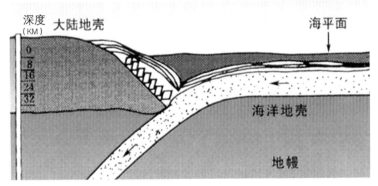

板块构造示意图

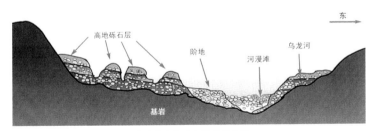

帕敢矿区次生矿床类型剖面图

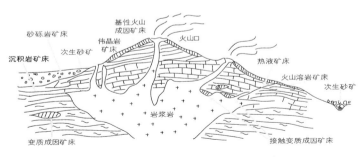

综合矿床模式图——摘自欧阳秋眉《秋眉翡翠》

三 翡翠原石的基本概念

第一部分
翡翠的赌石 **Part One**

　　翡翠原石分为原生矿和次生矿两种。其中原生矿又称为新坑无皮石，通常块头大质量差。次生矿是指翡翠成矿后经过长期风化作用，与各种外界应力作用形成的形状各异、带皮的翡翠原料。

　　次生矿一般分为水石、山石，水石常指已浸入水中的原石，通常有着薄薄的外皮，密度较高。山石一般有着厚厚的外皮，密度较低。水石一般品质较好。

缅甸标场的翡翠原石

水石一般皮薄质细种好

山石晶体大，相对水石种质较差

原生矿的翡翠多为无皮原石

次生矿的翡翠多为带皮的原石

缅甸标场抛光过的翡翠原石

场口的判断

　　由于不同场口所产的翡翠原石的品质相差很大，质量好的场口有帕敢、回卡、木那、达马坎、莫西沙等。

莫西沙场区原石大多种好，主要是赌棉

表面裂的判断

　　裂的方向、大小、深浅可以通过肉眼和强灯光照射加以判断。

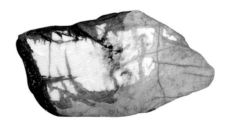

翡翠内部千变万化，俗话说："神仙难断寸玉"

水路的判断

    水路是原石中晶体结构致密的部分，若做出成品应该是出荧、起光、起胶的，所以水路的粗细、长短、细腻与否，是极为重要的品质鉴别要点。

水路的粗细、长短、细腻极大影响翡翠原石价格

颜色的判断

    颜色的多少、色调会极大影响翡翠原石的价格。所以通过强灯光和经验判断颜色的走向、浓艳程度，是断定原石价格很重要的标准。

颜色的多少浓淡正偏会极大影响翡翠原石的价格

种好飘色的原石应注意其色带的走向与浓淡

种水的判断

种水的好坏可以通过强光灯照射进行判断。是否有变种和种水的好坏，以及是否能产生荧光是观察重点。

种色均好的翡翠原石极少

质地的判断

　　开窗口的翡翠原石，只要通过门子在灯光配合下便能容易见到部分棉絮和脏点，以及晶体是否细腻。

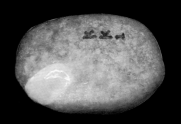

观察天窗处质地是判断翡翠原石质地的重要方法之一

真假的判断

　　A、可以把原石泡在水中，若是有水泡产生，则要怀疑是否是黏合过。B、对于表面有不自然的光和色时，可以用硬的物品适当刮划一下，判断是否可能是喷漆处理的表面。C、有过色的皮，颜色分布比较不自然。

五 翡翠原石的作假鉴别

第一部分
翡翠的赌石 **Part One**

常见的作假：

1 二层石

　　主石为下等翡翠原料，在切口处粘上一层水好色好的翡翠薄片。

二层石

2 三层石

　　下等砖头料，中间粘上一薄片绿玻璃，其上再粘上水好无色翡翠薄片。

三层石

3 人工做皮

　　用与同皮一样的泥沙胶混合粘涂在曾擦过口的翡翠原料表面上。

人工打眼

4 人工打眼

　　在翡翠近表层处打孔，孔内放入绿色物质，再把孔封上，使人们能从表皮看得见其内有绿。

5 **火烧翡翠**

新种玉用火烧后使人看不清而充当老种玉。

火烧翡翠

6 **人做切割痕**

做成像洗衣搓板一样的切面，使光线进不去，难于观察。主要是为掩饰底脏水差裂多而为之。

人做痕翡翠

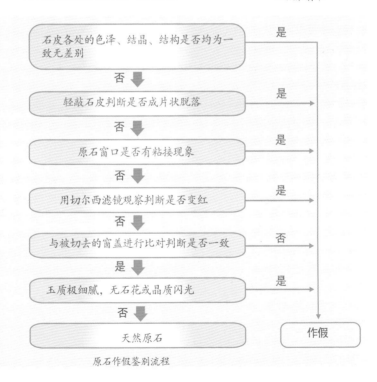

原石作假鉴别流程

六 翡翠的内外部特征

第一部分
翡翠的赌石 Part One

裂纹　雾　黄砂皮　松花　蟒　索　风化层

裂纹　棉　肉

翡翠原石的主要内外部特征

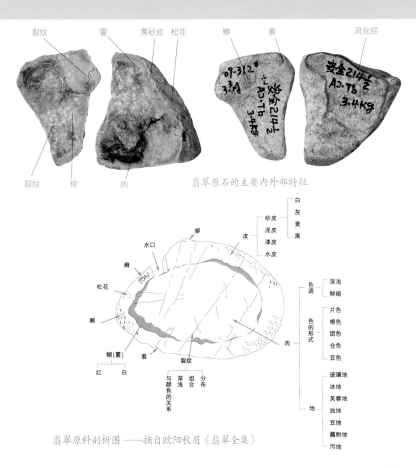

翡翠原料剖析图——摘自欧阳秋眉《翡翠全集》

七 翡翠的主要场区及特征

第一部分
翡翠的赌石 **Part One**

缅甸较大的翡翠场口有27个，最著名的场口是：老帕敢、会卡、大谷地、木那、格拉莫、次通卡等。

帕敢场口

属历史名坑，开采最早。帕敢皮薄，皮以灰白及黄白色为主，结晶细、种好、透明度高、色足。个头较大，从几千克到几百千克，呈各种大小砾石。老帕敢以产皮壳乌黑似煤炭的黑乌砂著名。

帕敢场口

会卡场口

会卡场口

皮壳杂色，以灰绿及灰黑色为主，透明度好坏不一，水底好坏分布不均，但有绿的地方水常较好。个体大小悬殊，蜡状皮壳是其重要特征。

南奇场区

位于恩多湖南面，毗邻铁路线。较大的场口有 8 个，其中最著名的场口是南奇、莫罕、莫六等。

木那场口

木那即属于帕敢场区，分上木那和下木那，以盛产种色均匀的满色料出名，木那出的翡翠基本带有明显的点状棉絮。

木那场口

达马砍场口

达马坎场区

该场区位于雾露河下游。其中最著名的场口是：达马坎、黄巴、莫格跌、雀丙。皮壳多为褐灰色、黄红色，一般水与底均较好，但多白雾、黄雾。个头较小，一般 1～2 千克。此地还产；较为名贵的如血似火的红翡。

17

后江场区

　　因位于后江江畔而得名。场区地形狭窄，长约 3000 多米，宽约 150 米，著名场口有后江、雷打场、加莫、莫守郭等。原石皮薄呈灰绿黄色，个体很小，很少超过 0.3 千克，水好底好，常产满绿高翠，少雾，多裂纹，做出成品的颜色比原石变好（即翻色），且加工性能好，是制作戒面的理想用材。

后江场口，水好底好，常产满绿高翠

雷打场口种干，硬度不够，低档货较多

雷打场区

　　位于后江上游的一座山上。该区主要是出产雷打石，因而得名。比较大的场口是那莫和勐兰邦。那莫即雷打的意思，雷打石多暴露在土层上，缺点是裂绺多，种干，硬度不够，大多难以取料，低档货较多。

8 新场区

　　该该场区位于雾露河上游的两条支流之间。主要是大件料，产品多是白底青的中低档料；位于表土层下，开采很方便。主要场口有：莫西沙、婆之公、格底莫、大莫边、小莫边、马撒、邦弄、三客塘、三卡莫。目前市场上出现不少种好的绿色麻沙矿翡翠，深受消费者欢迎，但部分产品由于料子不稳定，会出现颜色变化的情况，需特别注意。

每年 5 ～ 10 月是缅甸的雨季，翡翠开采难度大

矿工在翡翠矿区挑选原石工作图

在人力与机械的配合下翡翠开采规模越来越大

最深的翡翠矿区达 300 米深

老场区 小场区 达马坎场区　　　　后江场区

第一层
黄砂皮

第二层
红蜡壳

第三层
黑乌砂
黑蜡壳

第一层
黄砂皮
阿瓦角

第二层
红蜡壳
背瓦角

第三层
黑乌砂
黑蜡壳
甲枯角

毛层

第四层
白黄蜡壳
普雍角

毛层

第五层
白黄蜡壳
普秧格跌

摘自徐军《翡翠赌石技巧与鉴赏》

翡翠场区矿层示意图

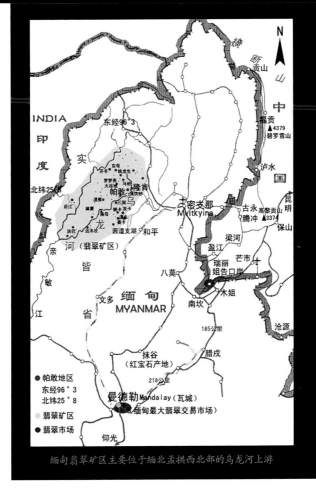

缅甸翡翠矿区主要位于缅北孟拱西北部的乌龙河上游

翡翠的开采极大地破坏了当地环境

八 翡翠赌石的要素

第一部分
翡翠的赌石 **Part One**

观察结晶大小

① 粗皮料，结晶容易较大，结构容易松软，硬度低，透明度差，为翡翠之下品；② 细皮料，结晶容易细小、结构紧密、质地细腻、硬度高、透明度好，其中，尤以皮色黑或黑红有光泽者为好。

检测皮料结晶大小，常用沾水法，是将翡翠砾石在水中沾湿后拿出来，查看表皮上所沾水分干的快慢。干得快者，说明其结晶粗大、结构松散、或裂纹孔隙多、质地差；反之，则说明其结晶细小、结构致密、质地好。

粗皮料结晶大、结构松软、硬度低、透明度差

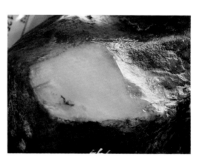

细皮料结晶细小、结构紧密、质地细腻、硬度高、透明度好

行话说"宁买一线，不买一片"

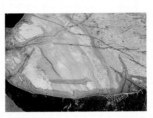

绿色色根的穿透力往往可以从色的浓淡中判断

观察颜色走向

　　① 翡翠中的绿色部分以呈团状和条带状集中分布者较有价值。这样的绿色显露于表皮时往往呈团状或线状，也有时会呈片状。② 当绿色在表皮上以大面积片状出现时多为表皮绿，其内部往往无绿；③ 而当绿色在表皮上呈线状或团状时，特别是当表皮上露出的绿线呈对称分布时，其绿会向内部延伸，甚至贯穿整块砾石。行话说"宁买一线，不买一片"。

色根浓结的翡翠才有可能做成好的蛋面

当颜色在表皮上呈线状或团状时，往往颜色会向内部延伸

整片绿色的表现往往没有渗透进入内部

23

观察种水

一般通过开门子或薄皮部位使用强光照射，观察光线照入的深浅来衡量水头的长短，行内把光照进入翡翠 3mm 处称为一分水，光照进 6mm 和 9mm 称为两分水和三分水。光进入越深说明种水越好。观察种水要从石料的不同角度照射，以判断石料深处是否有变种的可能。

观察种水要从石料的不同角度照射，以判断石料深处是否有变种的可能

观察光线照入的深浅来衡量水头的长短

观察裂纹

除了观皮辨里、辨色外，在评估翡翠原料时，还要注意查看裂纹（俗称绺裂）的发育情况。裂纹越少越好。一般采用强光压边照的方法对裂深进行判断。裂线越清楚、越暗，则说明裂越深。宁买大裂，不买牛毛小裂。大裂好切好避，小裂则不易处理。

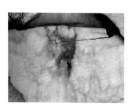

用指甲可以感受到的裂一般会贯穿整体

裂多的原石价格要受到极大的影响

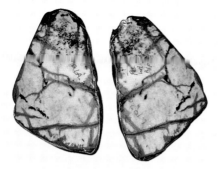

色迹明显的裂往往是大裂

观察瑕疵

主要是观察雾杂筋、石纹、石花、杂色、脏点、翠性等等，这些瑕疵是绝大部分翡翠具有的特点。一般情况下，这些瑕疵越少越好，除非可以制作怪庄或特色的作品。常使用强光照射观察。

杂筋、石纹给人以杂乱感

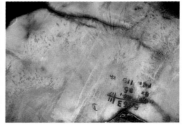

翠性明显的翡翠原石

脏点过多会极大影响翡翠的价值

杂色和石花会影响翡翠原石的利用

通过做色、胶合、填充等方式做假或经过人工处理过的表皮和颜色常隐藏着不可告人的秘密

故意开凿许多小天窗的原料是想让买家产生更大的妄想

标场上至少一半的原料要特别小心，往往是赌输的料

窗口不抛光往往是因为内部有瑕疵且故意凿坑

只开一个天窗的原石要特别判断是否有变种可能和棉絮的多少

种好到发黑往往是成品种好起刚味的重要特征

九 翡翠赌石的误区

第一部分
翡翠的赌石 **Part One**

1   赌涨指的是做出的成品的价格超出您预期判断的价格，并不是有色或种水好就能赌涨；

没有皮的翡翠原石风险小机会少

2   灯照透明就是种水好，种和水是两个没有关联的概念，灯照透明做出来的成品不一定透亮。

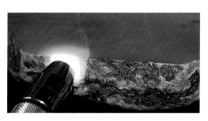

种水难以简单用强光灯判断

3   灯照看色料易误导判断。在自然光下观察抛光好原石的种水色，是最接近成品的状态。

强光灯下看色料易产生误判

 迷信场口。皮壳特征会误导判断，实际经验往往比书上理论更有效。

翡翠内部神秘莫测

便宜是机会。没有一定的种水质，没有商业价值的翡翠与石头没有太大差别，不值投资。

拾便宜的思想是赌石的大忌

体积估值。翡翠内部千变万化，同一原石不同部分价值相差几十倍是常有的事。

体积估值只能是赌运气

赌大涨是小概率事件，不要以为自己有经验就能赌赢。赌大赢的有 90% 以上是运气。

小涨靠经验，大涨靠运气

翡翠赌石思路图

第一部分
翡翠的赌石　Part One

价值评估

根据成品数量和品质
评估市场价值，进而
决定购买价格

真假判断

用水浸泡、强光
照射、表面观察

成品数量评估

综合所有因素
评估可能制作
的成品数量区间

场口判断

表面颜色
皮砂粗细
场口特点对应

一直检查及修正

外部特征判断

强光灯了解
表面裂、水路、
晶体粗细方向
和纵深可能

种水色质评估

把种水色质综合
考量后评估等级

裂棉褶综合判断

内外部连贯性判断裂
棉褶的影响，是否为
纵深裂、有没有变种
棉的大小多少等

内部特征判断

使用强光灯观察内部
的种水质底的状况

翡翠赌石思路图

赌石常常是人的理性和贪欲斗争的过程

充满各种可能性的料

色的表现不理想

这一部分没有商业价值

色不聚偏色

此料于 2014 年 10 月以 70 万元价格成交于平洲公盘

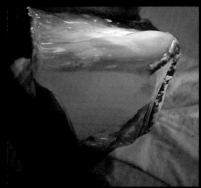

【2010 年 11 月 47 届内比都公盘标王——8849】

重 6 千克，起拍价 58 万欧元，中标价 19899999 欧元

【2011 年 3 月 48 届内比都公盘标王——16754】

重 112.8 千克，底价 338 万欧元。中标价 3333.3333 万欧元

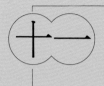

翡翠原石估值

第一部分
翡翠的赌石 **Part One**

 分类

缓甸常把翡翠依档次不同分为：帝王玉、商业玉和普通玉。帝王玉：属于特高档、高档翡翠，如浓阳正匀的老坑满绿玻璃种翡翠，数量极少，市场中以克拉（ct）计价。商业玉：属中高档、中档翡翠，如冰种紫罗兰、蓝花冰、红翡等品种。市场中以千克（kg）计价。普通玉：属中低档、低档翡翠，如油青种、马牙种、粗豆种等翡翠。原石价格低廉，市场中原石以千克（kg）计价。

以克拉计价的翡翠原料

2 **成品估值**

对原石进行分类后，就对价格有了基本的定位，一般需先对原石可能制作的成品进行估值。常用有两种方法：A. 经验法。已售类似原石的售价 / 千克作为对标，估算现有原石制成品价格。B. 手镯估价法。估算材料可以做成的手镯数量作为基础价格，再结合边角估值，最后对原石制成品进行估值。

一般绿带围绕整块原石出现的情况是比较理想的状态，行家称之将军带

行家一般以出产手镯数量的多少作为翡翠原石估价的重要参考。尤其是较大的材料

3 **影响考虑**

原石有赌性，其内部表现有着各种不确定性，所以在成品估值的基础上，需要对色带、水路以及裂、棉等瑕疵的表现进行判断，综合影响因素，对成品估值进行调节。

色带颜色的浓淡、净度、种水及完美度是对价值影响的主要因素

价值评估

　　成品估值后，在自己可接受的利润率的情况下就可以给原石打价。A. 保守价。风险极小的估值。B. 市场价。大多批发从业者愿意采购的价格。C. 冲高价。以零售的价格标准给价。

行家经常会佩戴绿蛋面作为比色石

颜色越多越明显的翡翠原石空间反而越小

看图识翡翠
KANTU SHI FEICUI
第二部分 **贰**
Part Two

翡翠的
价值评估

FEICUI DE JIAZHIPINGGU

 翡翠的评估体系

种 (Transparency)		质 (Texture)	色 (Color)					
透光性	水头		浓 (Intencity)			阳 (Saturation)		
极佳	3分水	10倍放大镜看不见颗粒	极浓	95~100	肉眼感觉	极阳	95~100	极鲜艳
佳	2分水	肉眼看不见细颗粒	较浓	90~95	色调较深	阳	90~95	颜色鲜艳
较佳	1分水	偶尔可见颗粒，颗粒界限不清	适中	70~80	色调恰到好处	较阳	70~80	色调尚可
一般	1~0.5分水	肉眼可见棕色至暗绿色细粒	稍淡	50~60	色调稍淡	稍暗	50~60	色调带灰
欠佳	0.5以下分水	肉眼可见细~中粒呈斑状	淡	10~40	有色偏淡	暗	10~40	有色偏灰
差	无水	肉眼可见中~粗粒呈粒状	极淡	0~5	肉眼感觉无色	很暗	0~5	非常灰无色调

颜色常以浓阳正匀来评价

色 (Color)						工 Crafts-man-ship	瑕疵 Cla-rity	裂纹 Crackle	大小 Volume
正 (Hue)			匀 (Evenness)						
正绿	0%	最纯正的绿色	较匀	60~70	60%~70%是绿色	好	极少瑕疵	难见纹	翡翠大小、重量也是影响翡翠价值的重要因素，品质越高，影响越大。评价时厚度和形体的因素应考虑在内。
稍黄	-5%~10%	肉眼感觉一些黄味	均匀	80~95	80%~95%是绿色	很好	微瑕疵	微裂纹	
稍蓝	-25%~30%	肉眼感觉一些蓝味	较不匀	40~50	有一半是绿色	一般	可见瑕疵	可见纹	
偏黄	-35%~40%	明显黄色混入	极匀	95~100	绿色布满	极好	无瑕疵	无裂纹	
偏蓝	60%	明显蓝色混入	不匀	25~30	25%~30%是绿色	差	易见瑕疵	易见纹	
偏灰	80%	暗而脏	极不匀	10~15	大部分不均匀	很差	明显瑕疵	明显裂纹	

参考欧阳秋眉老师观点

种好的翡翠有灵动感

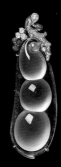

质细是高端翡翠的重要评估指标

工艺的好坏对美感影响很大

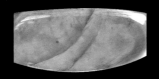

裂棉脏等影响翡翠完美度

型体比例合适会提升品相

 翡翠的档次分类

第二部分
翡翠的价值评估
Part Two

级别	透明度	颜色	质地	形状标准	工艺	洁净	完美度
超高档	透光性很好	浓阳正匀的颜色，以绿色为主。	细腻，放大10倍不见晶体。	比例超标准	超好，线条简单，流畅，留白恰当。	10倍放大无明显瑕疵。	几乎没有裂纹和解理、棉絮。
高档	透光性好	浓阳正匀的颜色，以绿色、紫色和翡色为主。	细腻，放大10倍不见晶体。	比例标准	好，线条简单。	10倍放大无明显瑕疵。	没有明显裂纹和解理。
中高档	透光性一般到好	无色或飘色。	细腻，放大10倍可见晶体。	比例标准	好，主题突出。	10倍放大无明显瑕疵。	少许裂纹和解理。
中档	透光度差到一般	无色或偏色。	肉眼可见晶体，不均匀。	偏薄	好，无明显主题。	10倍放大无明显瑕疵。	含避开裂纹和解理。
中低档	不透光	无色或偏色。	粗晶体，肉眼可见。	比例差	差，线条复杂。	肉眼可见明显瑕疵。	肉眼可见裂纹或解理。
低档	不透光	无明显颜色。	粗晶体，肉眼可见。	比例差	很差，线条繁杂粗糙。	肉眼可见明显瑕疵。	肉眼可见裂纹或解理。

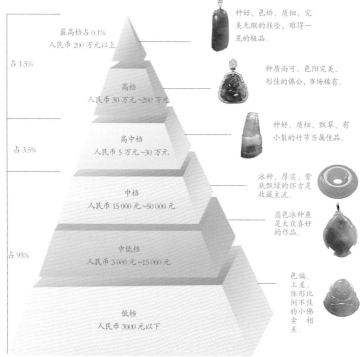

最高档占 0.1%
人民币 200 万元以上

占 1.5%

高档
人民币 30 万元~200 万元

占 3.5%

高中档
人民币 5 万元~30 万元

中档
人民币 15 000 元~50 000 元

占 95%

中低档
人民币 3 000 元~15 000 元

低档
人民币 3000 元以下

种好、色娇、质细、完美无瑕的挂坠，难得一见的极品。

种质尚可、色阳完美、形佳的佛公，市场稀有。

种好、质细、飘翠、有小裂的仔节当属佳品。

冰种、厚实、紫底飘绿的怀古是收藏主流

翡色冰种鱼是大众喜好的作品。

色偏、工差、体形比例不佳的小佛相差。

翡翠价值档次分级的金字塔结构

摆件和玩件价值更侧重于材料运用是否取巧，工艺是否到位，题材是否恰当

摆件和玩件往往可选取有一定裂或杂质的材料制作

三 翡翠种水价值评估

第二部分
翡翠的价值评估
Part Two

级别	特征描述	价值评估
极好	半透明，近于透明，水头足。3 分水及以上（光线可透进翡翠内部 9mm 及以上）	价值以克拉计价
好	半透明，水头可以。2 分水 (光线可透进翡翠内部 6mm)	价值以千克计价
中	半透明到微透明，水头短。1 分水 (光线可透进翡翠内部 3mm)	价值以千克计价
差	不透明、水头干，光线不透进	价值以千克计价
备注	种水的各个等级间常有几何级数的价值差异，受市场波动大，往往以成品市场接受度为调节基础	

透明水头足，种极好，有出荧的感觉　　半透明，水头可以，种好　　微透明到半透明，水头短，种中　　不透明

 翡翠质地价值评估

第二部分
翡翠的价值评估　Part Two

划分	对比	价值评估
按粒径粗细划分	①粗粒结构（>2mm）：颗粒十分明显，有粗糙感，很干的感觉，不透明，例如粗豆种。 ②中粒结构（2mm ~ 1mm）：颗粒肉眼可见，如豆种。 ③细粒结构（<1mm ~ 0.5mm）：颗粒肉眼不明显，10倍放大镜下可见。 ④微粒结构（<0.5mm ~ 0.1mm）：颗粒肉眼不能见到，透光性较好。 ⑤隐晶结构：晶体较小，显微镜下难以看到颗粒，质细，具柔和感，透光性好，多数为玻璃种或冰玻种。	晶体越小价格越高，质地每增加一分，价值往往以倍数增加。在种水质底色型工裂等各个条件每增加一分对整体估值在越完美条件下影响越大。比如：白色翡翠与阳绿色的翡翠在其他条件一样的情况下，质每增加一分对价值的增加，阳绿的翡翠将比白色的翡翠估价影响多出数倍。
按矿物颗粒形态划分（微观放大）	①柱状结构，颗粒由短柱状晶体组成。 ②柱状结构，颗粒由条柱状晶体组成。 ③纤维状结构，颗粒由剑柱晶体组成。 ④纤维粒状结构，同时有两种不同晶形存在但以粒状结构为主。	
按结晶颗粒之间的结合方式划分	①粒边界不明显（锯齿状边界），例如老坑种，多数透光性好。 ②颗粒边界模糊（弯曲状边界），例如芙蓉种，透光性中等。 ③粒边界清楚（直线状边界），例如豆种，透光性很差。	

微粒结构，晶体边界不明显

细粒到中粒结构，晶体边界不明显

隐晶结构，几乎不见晶体边界

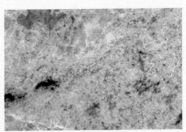

粗粒结构，晶体边界明显

翡翠质地种类

地的种类	特征表述
玻璃地	完全透明,结构细腻,韧性强。玻璃种的极品又叫老坑玻璃种,所谓老坑是指翡翠砾石在河床中浸泡的时间长,玉质细腻纯净,透明度高。这一品种的翡翠透明度最高。
冰种和冰地	像冰块一样透明,有时可见冰花。与玻璃地相比,冰地翡翠稍显浑浊,是仅次于玻璃地的品种。
冰地飘蓝花	冰地翡翠中分布云片状的蓝花或蓝绿花。
金丝地	冰地的翡翠中艳绿色呈丝带状分布。
糯米地	质地如刚出锅的糯米年糕,细腻油亮,透明度差。
蛋清地	质地如同鸡蛋清,玻璃光泽,透明至半透明,质地纯正,杂质少,有时可见少量棉绺。
清水地	透明如水,泛着淡淡的水青色调。
蓝水地	类似清水地,色偏蓝。
紫水地	泛紫色调的半透明翡翠,背景为淡淡的紫色。
浑水地	透明度比清水地差,比米汤地透,色偏灰。
米汤地	透明度差,似米汤样混浊,质地看上去比清水地疏松。
芙蓉地	指颜色为中至浅绿色,半透明至亚半透明,质地较豆种细腻。
豆青地	半透明,豆青色地子,常见有豇豆绿和灰绿色。
花青地	质地不透明到半透明,青绿色或暗绿色在翡翠中不规则分布。
白底青	是常见的翡翠品种,其特征是质地较细,底色白,绿色艳,呈翠绿至黄杨绿的颜色,绿色呈片状分布。
油青地	其颜色为带有灰加蓝或黄色调的绿色,透明度较好,一般为半透明,结构细腻,质地坚韧。
干青地	不透明,颜色为饱满的阳绿或暗绿色,结构疏松,裂绺发育。常切成薄片用做戒面或雕刻成各种小挂件。这种翡翠全部为原生矿。
细白地	半透明,细腻,色白。如果光泽好,也是好的玉雕原料。
瓷白地	不透明,白色,有烧瓷的感觉。
灰地	像石灰或炉灰一样松散的质地,一般用来加工 B 货翡翠。

玻璃地

紫水地

芙蓉种

清水地

冰地

冰地飘蓝花

干青地

瓷地

蓝水地

灰地

白青地

糯米地

花青地

豆青地

蛋清地

芙蓉地

金丝地

油青地

五 翡翠颜色价值评估

第二部分
翡翠的价值评估
Part Two

1. 翡翠的主要颜色

颜色	特征表述	价值评估
绿色	纯正的翠绿色由"浓、阳、俏、正、和"和"淡、阴、老、邪、花"来评价。所谓"浓"就是绿色饱满、浑厚，浓重而不带黑色。绿色浅，色力弱则为"淡"。"阳"是指颜色鲜艳、明亮、大方。绿色昏暗，没有光彩则为"阴"。"俏"指色明快。"老"指色发暗，不明亮。"正"指色不偏。"邪"则相反，偏黄或偏蓝。"和"是指绿色均匀柔和，若绿色呈点状、峰状、块状等分布不均匀则谓之"花"。	绿色的"浓、阳、俏、正、和"越完美价值越高，价值以稀少程度成几何级数的增加。
白色	翡翠的化学成分为 $NaAl(Si_2O_6)$，由于不含致色元素而呈现白色。以白、光、老评价。白指颜色是否纯白。光是指有无起刚，出光。老是指坑口够不够老，有无胶感。	白色以白、光、老为评价要素，白偏晴色比白偏灰色价值要高。
紫色	翡翠的紫色一般都是比较淡的，可分为红紫、粉紫色、茄紫色。俗话说"十春九木"，紫色的翡翠很少有种水好的。	价值以稀少程度成倍数地增加。
红色	是翡翠原石露出地表之后遭受风化作用形成的。红色翡翠是氧化铁形成了红色的赤铁矿致色，以色调深、浓、俏丽者为上。	红色以"深、浓、俏"评价，越完美价值越高。烧红的价值远低于天然红。
黄色	是翡翠原石露出地表之后遭受风化作用形成的。黄色翡翠是因为氧化铁形成了棕黄色褐铁矿致色。以色调深、浓、艳丽者为上。	黄色以"深、浓、俏"评价，越完美价值越高。烧黄的价值远低于天然黄。

颜色	特征表述	价值评估
黑色	通常有三种。一是硬玉质翡翠（乌鸡种）：灰黑至黑灰色，翠性结构明显，主要由硬玉矿物组成；二是绿辉石质翡翠（墨翠）：黑色绿辉石质翡翠反射光之下呈现黑色，但在透视光下看呈深绿色，主要矿物为绿辉石，仅有少量的硬玉、钠铬辉石和极少量的黑色物质；三是钠铬辉石质翡翠（黑干青）：硬度比硬玉质翡翠低，一般为 5~5.5。	黑色翡翠的价值相对其他颜色要低很多。市场上对浓黑、反光显深绿的翡翠价值认同度最高。

极红艳的翡翠

白色通透的翡翠

艳丽的紫色翡翠

油黄的翡翠

艳绿色的翡翠

绿色是铬致色，是最为尊贵的颜色，偏蓝、偏黄和正色的价格相差很大。
高货种，色差一分，价差十倍

红黄色是铁致色，是翡翠次生色，天然种好质细的红黄色很少见

紫色，致色原因尚不明。行内称"春"色，有桃
红、粉、茄、红、蓝紫等

白色翡翠没有其他致色元素影响，纯洁且静谧，近年来受市场追捧

蓝色偏蓝绿和蓝灰价格相差很大

黑色主要是铁致色，有墨翠、乌鸡种翡翠、干青等

2. 翡翠颜色以稀为贵

种好、地净、质细的黄翡难能可贵

极品的红翡绿翠组合是难上难

飘绿和满绿所需要的原石差
别巨大，价格也相差很多

浓阳正匀的翡翠戒指
十分稀少价格不菲

3. 翡翠绿色的分类

乌根色、种水好，颜色较深的绿色

豆色，颜色大面积出现，种水很差

团色、种水较好，冰珀种

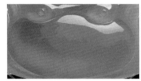

豆根色、种色俱佳，稀少

根色、种水极好的戒面

团色、种水较好，颜色不均匀

（注）：本节参考欧阳秋眉《翡翠全集》关于色的表述

正绿翡翠，绿色纯正，不偏色

偏蓝绿的观音，色调偏暗

偏黄绿的翡翠佛公

灰黑绿的翡翠，色调发暗，不鲜艳

4. 翡翠绿色色标

祖母绿以下价值逐渐变低

逐渐变淡价值逐渐变低

黄秧绿	苹果绿	翠绿	祖母绿	微蓝绿	墨绿	蓝绿	灰绿	油青

摘自摩仕《翡翠级别标样集》

根色耳坠，质细，纤维质，水头佳，色均匀

团色形成的怀古

根色形成的观音，种水质一流

豆色佛像，质地相对粗

5. 不同绿色对价格的影响

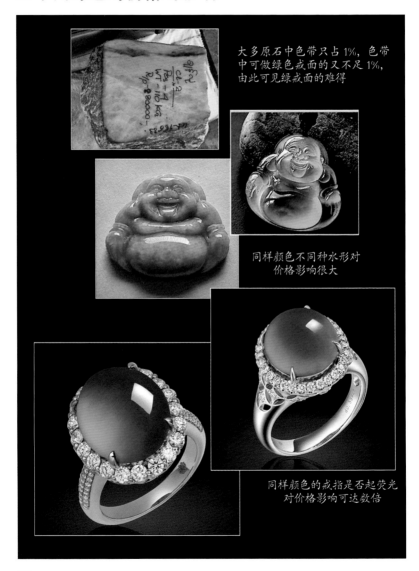

大多原石中色带只占1%，色带中可做绿色戒面的又不足1%，由此可见绿戒面的难得

同样颜色不同种水形对价格影响很大

同样颜色的戒指是否起荧光对价格影响可达数倍

六

翡翠雕刻工艺价值评估

第二部分
翡翠的价值评估
Part Two

工艺级别	特征表述	价值评估
很好工艺	作品工艺精美细腻、线条简单伸展，构图完美、有创意。作品有文化底蕴，有独特的风格、鲜明的个性，有生命力和时代感，有较高的审美价值和较深的哲思。作品表现出作者深厚的艺术功底和人文内涵。作品抛光很好，砂眼极少。	以市场接受计价
好工艺	作品造型构图到位、工艺粗细有度、线条流畅。作品新颖有创造性，能表达一定的文化内容。作品有独特的个性和时代精神，具有一定的审美价值。作品表现出作者较好的艺术素养和人文气质。抛光很好的，少量微小砂眼。	以件计价
一般工艺	匠气较重、线条较流畅、工艺较好。作品多为仿制和临摹，主题大众。没有太深的审美和哲思。抛光不到位，可见较多小砂眼。	以工时计价
差工艺	匠气重、工艺粗糙。模仿制作为主，作品主题大众。抛光一般，可见明显砂眼。	以件或以工时计价

很好工艺

好工艺

一般工艺

差工艺

意巧、料巧的作品稀少难得

形状色巧的作品更受欢迎

艺巧、意巧的作品是收藏的极品

主题巧、工艺巧的作品容易获得市场认同

雕刻前后对比

优秀的雕刻师见到原石就能想象成品的样子

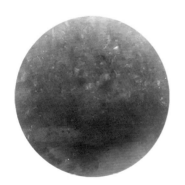

翡翠的雕刻贵在创作的同时去瑕留美

叶金龙大师作品《如意花开》

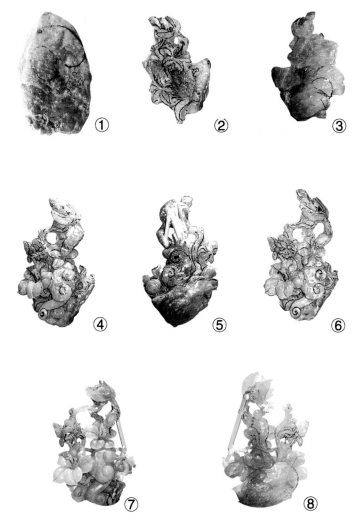

① ② ③

④ ⑤ ⑥

⑦ ⑧

叶金龙大师作品《如意花开》摆件制作流程

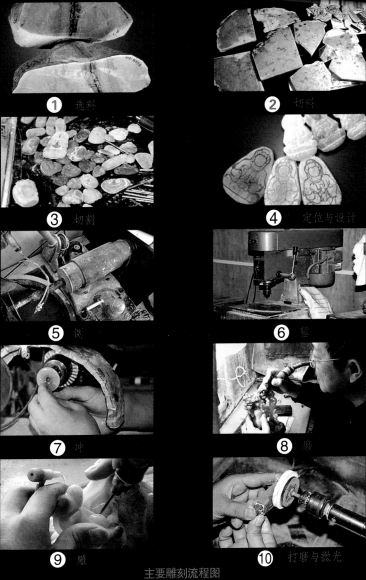

① 选料　② 切料
③ 切割　④ 定位与设计
⑤ 锯　⑥ 錾
⑦ 冲　⑧ 磨
⑨ 雕　⑩ 打磨与抛光

主要雕刻流程图

七 翡翠镶嵌工艺价值评估

第二部分
翡翠的价值评估　　**Part Two**

工艺级别	特征表述	价值评估
很好工艺	工艺细节完美，配石平整优质，佩戴舒适；整体设计主题突出，思想深刻；主配石色彩搭配到位，美感好，有创意，调水好。	以市场接受计价
好工艺	光泽好，颜色突出，造型完整。具体焊接点光洁，石体与底座紧密无隙，雕花和图案清晰有力，整体布局既协调又规整，生动真实地体现出设计思想的精华。	以件计价
一般工艺	镶嵌工艺不到位，偶有粗糙痕迹，配石不顺畅，用金过量或过少使得整体布局失衡。	以工时计价
差工艺	表面光泽暗淡，焊接处有孔洞或气泡，配石不平整，配石规格偏大偏小。与设计大相径庭，细看毛病百出，使用时易扎痛手指和划破衣服。	以件或以工时计价

工艺好的作品

焊接平洁整齐精细的镶
工属极好的工艺

一般工艺的作品

工艺差的作品

修整模具.

抛边处理

显微镜下镶嵌钻石

镶嵌的常用工具

电镀工具

电脑设计模型

镶嵌的主要工序图

用于微镶的机器

拉线专用机器

抛光机

压面专用机器

电脑制模机器

磨砂机器

步骤 1：做蜡
步骤 2：执模调位
步骤 3：调石位
步骤 4：镶石
步骤 5：执边
步骤 6：抛光

《荷花》镶嵌制作主要过程图

设计给予
翡翠新生

色彩搭配是设计的重要考量

比例与线条的处理能产生动感

整体布局是设计的主要内容

八 翡翠型体价值评估

第二部分
翡翠的价值评估
Part Two

1. 戒面型体价值评估

型体	线条	对称性	长宽厚比	价值评估
圆型	曲线是否圆滑优美，弧度是否完美	前后左右是否对称	理想比例是 1：1：0.5	所有蛋面中圆型取料最难，价值最高。其价值与取料难度和浪费材料有关。理想型价值最高，其他型状依完美程度对比估价。
椭圆形	曲线是否圆滑优美，弧度是否完美	前后左右是否对称	理想比例是 1：0.65：0.5	选料难度仅次于圆型蛋面。理想型价值最高，其他型状依完美程度对比估价。
方形	线条是否直，面是否平坦	是否等边	理想比例是 1：1：0.25	方型是圆型和椭圆型无法实现后的选择，多为男士佩戴，价值要比圆型和椭圆型低。价值主要依经验而定。
马鞍形	线条是否直，面是否平坦	前后左右是否对称	理想比例是 1：0.3：0.25	马鞍型则是圆型、椭圆型和方形无法实现的选择，多为男士佩戴，价值也相应要低。价值主要依经验而定。
马眼型	线条是否直，面是否平坦	前后左右是否对称	理想比例是 1：0.3：0.5	马眼型则是圆型、椭圆型和方形、马鞍型无法实现的选择，多为女性佩戴，价值也相应要低。
随型	线条是否流畅	形体是否有美感	无理想比例	随型多为边角料制作，大多情况用于配饰，价值要远低于其他型体的蛋面。

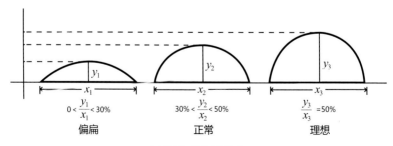

$0 < \dfrac{y_1}{x_1} < 30\%$　偏扁　　$30\% < \dfrac{y_2}{x_2} < 50\%$　正常　　$\dfrac{y_3}{x_3} = 50\%$　理想

比例较好的阳绿蛋面

圆形蛋面取料较难，价值更高

椭圆型蛋面

马眼型蛋面

马鞍型蛋面

2. 手镯形体价值评估

名称	条径(mm)	圆口直径(mm)	价值评估
圆镯	9~14	54~58	圆条镯的取料相对难，用料大，价值最高。同样情况下，标准圈口价值更高。
扁条镯	8~12	54~58	扁条镯的取料相对圆条容易，用料较少，更易达到通透。票准圈口价值更高。
椭圆镯	8~10	（40~45）×（52~56）	椭圆镯的取料相对圆镯和扁条镯容易，但加工较难。价值相对低。
童镯	6~8	35~40	童镯多是在圆镯、扁条镯、椭圆镯做不了后的选择，圈口较小，多为孩童佩戴，价值最低。

条型圈口理想的手镯价值更高

圈口太细比例不协调的翡翠镯子，缺乏美感

3. 坠子形体价值评估

型体	线条	对称性	长宽厚比	价值评估
圆形	线条流畅，边线圆滑优美	上下左右对称性	理想比例是（1：1：0.35）	
椭圆形	线条流畅，边线圆滑优美	上下左右对称性	理想比例是 1：0.65：0.35	整体价值依要素的完整度而定，越完美，越理想，受欢迎程度增加，其价值越高。方形和长方形往往是特意取得的材料，成本最高。而圆形和椭圆形大多为手镯的圆芯制作而成，成本相对较低。其他型体则视材料取得难易进行价值评估。
方形	线条简洁，有美感	上下左右对称性	理想比例是 1：1：0.35	
长方形	线条简洁，有美感	上下左右对称性	理想比例是 1：0.5：0.35	
马眼形	线条简洁，有美感	上下左右对称性	理想比例是 1：0.5：0.35	
梨形	线条流畅，边线圆滑优美	左右对称性	理想比例是 1.65：1：0.35	
三角形	线条简洁，有美感	左右对称性	理想比例是 0.65：1：0.35	
椭形	线条简洁，有美感	无	理想比例是 1：0.5：0.35	

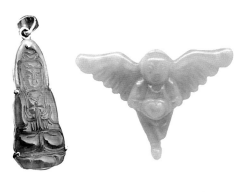

比例不协调的翡翠坠子，缺乏美感

倒三角的型体容易给人有尖锐的感觉，产生不舒服感

长方形的坠子

随型坠子

方型坠子

圆型的坠子

4. 圆扣型体价值评估

型体	厚度比（厚度：直径）	大小（直径/mm）	价值评估
小玉扣	（0.1~0.2）：1	8 ~ 10	材料相对易得，价值依完整度评估
怀古	（0.2~0.3）：1	16 ~ 25	选料较难，价值依完整度评估
璧	（0.2~0.4）：1	25 ~ 35	选料最难，价值最高

比例均匀的玉璧

九 翡翠瑕疵影响评估

第二部分
翡翠的价值评估　**Part Two**

要素	特征表述		价值评估
瑕	是指翡翠中的各种暗色斑点，俗称"苍蝇屎"。这种暗色斑点有黑、墨绿和褐色等。		1. 一般情况下瑕疵越少价值越高。瑕、疵、裂、松花、雾、绺对价值的影响与形态、大小、位置和对翡翠美感和坚固性影响有关。 2. 若能巧用瑕疵等进行创作，瑕疵有可能反而增加价值。 3. 对价值影响最大的是裂。特别是手镯的裂会极大地影响价值。 4. 完全没有瑕疵的天然翡翠几乎不存在。
疵	是指翡翠中天然生长的小晶洞或局部出现白色粗大的硬玉矿物晶体，大者肉眼可见，微者用10倍放大镜可见，晶洞内有时可见小晶簇。		
裂	就是裂隙，是指由于力的作用在翡翠中形成的裂隙状错位。按形成原因可分为原生和次生裂隙两类。原生裂隙是翡翠被开采之前由于地质作用形成的解理和裂隙，可分为裂隙和晶隙两种。	裂隙，是未被胶结的原生裂隙，用手指甲能感觉到裂隙的存在，10倍放大镜下可见空隙。 晶隙，低档翡翠中矿物结晶颗粒粗大，矿物颗粒之间形成微小的蜘蛛网状间隙，明显者肉眼可见，微细者10倍放大镜下可见。	
松花	又叫石纹，它是在早期地质作用过程中形成的裂隙被后期地质作用过程中的矿物充填胶结，它不影响翡翠的坚固性，只是造成视觉上的差异，用手指甲感觉不到裂隙的存在，10倍放大镜下不见空隙。		
雾	是指浅色矿物以棉絮状或纤维状分布在翡翠内部，这些矿物多为白色辉石、沸石和长石，绺成片出现就形成了雾。		
绺	呈斑点状分布的绺就像剥壳的松花蛋表面的浅色松花状斑点。		

【注】瑕疵和裂绺的形态、大小、位置和成因不同程度地影响翡翠的价值或坚固性。

翡翠瑕疵的表现：

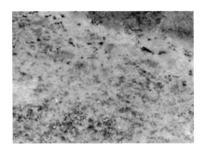

原石中含有各种暗色斑点俗称瑕

原石中含有粗大的硬玉矿物晶体称疵

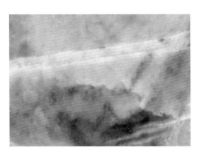

裂隙是可以用指甲感觉到的空隙

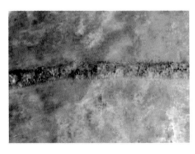

石筋不影响翡翠的坚固性

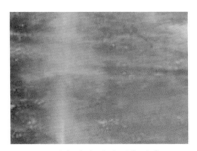

绺成片出现就形成了雾

松花状斑点严重影响价格

翡翠瑕疵的价值影响：

白棉太多影响叶子价值

杂质多、色偏暗影响价值

工艺中避裂可以提升价值

山子往往是避裂的好题材

裂大的手镯影响价值

杂质明显且有内裂的手镯影响价值

肉眼可见内含物晶体影响价值

由简到繁的工艺基本上反映了原料完美度的情况

看图识翡翠
KANTU SHI FEICUI

第三部分 叁

Part Three

翡翠的
鉴别

FEICUI DE JIANBIE

一 翡翠的主要鉴定特征

第三部分
翡翠的鉴别 Part Three

1 翠性

　　只要在抛光面上仔细观察，通常可见到花斑一样的变斑晶交织结构。在一块翡翠上可以见到两种形态的硬玉晶体，一种是颗粒稍大的粒状斑晶，另一种是斑晶周围交织在一起的纤维状小晶体。一般情况下，同一块翡翠的斑晶颗粒大小均匀。

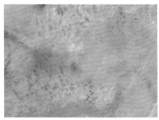

翠性

2 石花

　　翡翠中均有细小团块状，透明度微差的白色纤维状晶体交织在一起的石花，这种石花和斑晶的区别是斑晶透明，石花微透明至不透明。

石花

3 颜色自然

　　翡翠的颜色不均，在白色、藕粉色、油青色、豆绿色的底子上伴有浓淡不同的绿色或黑色，就是在绿色的底子上也有浓淡之分。

有色的部分与无色部分呈自然过渡，色形有首有尾

4 光泽强

颜色不均匀，光泽好

5 密度和折射率

　　翡翠的密度大，在三溴甲烷中迅速下沉，而与其相似的软玉、蛇纹石玉、葡萄石、石英岩玉等，均在三溴甲烷中悬浮或漂浮。翡翠的折射率为1.66左右（点测法），而其他相似的玉石多数低于1.63。

6 包裹体

　　翡翠中的黑色矿物包裹体多受熔融，颗粒边缘呈松散的云雾状，绿色在黑色包裹体周围变深，有"绿随黑走"之说。

翡翠常有许多小白棉点

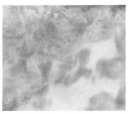

翡翠颗粒边缘呈松散的云雾状

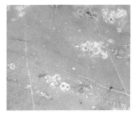

石花相对集中且较大

7 托水性强

即在翡翠成品上滴上一滴水，水珠突起较高。

托水性

8 翡翠表面特征

在宝石显微镜或高倍放大镜下观察，大多数天然翡翠的表面为"橘皮结构"，当翡翠的晶粒或纤维较粗时，其表面很可能会有一些粗糙不平或凹下去的斑块，但未凹下去的表面显得比较平滑，无网纹结构和充填现象。B货或者B+C货翡翠因为经过酸洗，表面有酸蚀的网纹现象。

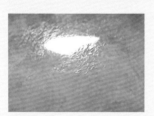

橘皮结构是天然翡翠抛光后存在的特征

包裹体

9 敲击的声音清脆

玉块轻击被测翡翠手镯，若是A货，则发出相对清脆的"钢音"，种头越好、质地越细腻、声音越清亮。若不是A货，则声音沉闷。声音还和镯子的粗细，口径的大小有关。

10 成分无异常

用电子探针可以迅速而准确地确定出其主要化学成分为，一般情况如下：

氧化钠（Na_2O）：13% 左右；

三氧化二铝（Al_2O_3）：24% 左右；

二氧化硅（SiO_2）：59% 左右。

11 硬度高

硬度为 6.5 ~ 7，高于所有其他玉石。

翡翠大多呈现玻璃光泽

12 密度较大

翡翠的平均密度为 3.33g/cm^3，在二碘甲烷中呈悬浮状。

天然翡翠具有自身的特质

二 翡翠与主要相似玉石的鉴识

第三部分
翡翠的鉴别 Part Three

1 **软玉与翡翠的区别**

（1）表面特征：抛光的碧玉常出现油脂光泽，肉眼看不到橘皮现象。

（2）颜色特征：墨绿色碧玉的色调与瓜青翡翠相似，但颜色分布一般很均匀，常有呈四方形的黑色色斑。

（3）结构：软玉以纤维状结构和毡状结构为主，没有翡翠特有的翠性。

（4）折光率：软玉1.61～1.62，小于翡翠。

（5）相对密度：软玉2.95～3.05，小于翡翠。

2 **钠长石玉与翡翠的区别**

钠长石玉又称"水沫子"，是与缅甸翡翠伴生（共生）的一种玉石。鉴别特征是：

（1）折射率：1.53左右，比翡翠低。光泽为蜡状到亚玻璃状光泽。

（2）相对密度：2.66左右，比翡翠低，同体积的玉石比翡翠轻三分之一。

（3）内含物：钠长石玉常出现圆点状、棒状、棉花状的白色絮状石花；翡翠比较少见这种类型的石花。

（4）碰撞敲击声：与同等透明度的翡翠比较，声音不够清脆。

（5）光谱：没有翡翠特有的 437 吸收线。

水沫子常出现圆点状、棒状、棉花状的白色絮状石花

3 钙铝榴石玉与翡翠的区别

（1）绿色色斑：钙铝榴石玉的绿色呈点状色斑，而翡翠呈脉状。

（2）光泽：钙铝榴石玉饰品的光泽差，不易抛光。

（3）查尔斯滤色镜：钙铝榴石玉的绿色部分在查尔斯滤色镜下变红或橙红色。

（4）钙铝榴石玉的折光率 1.74 和相对密度 3.50，都大于翡翠。

优质独山玉色彩鲜艳、质地细腻　　　品质好的钙铝榴石

4 独山玉与翡翠的区别

（1）掂重量。在密度上独山玉（2.73~3.18）相对要比翡翠（3.32）的小，因此手掂起来独山玉相对要显得轻飘，翡翠则有沉重坠手感。

（2）看结构：独山玉主要是斜长石类矿物组成，主要是糖粒状的结构。翡翠主要是由硬玉矿物组成，表现的是典型的交织结构。利用侧光或透射光照明下，独山玉可以看到等大的颗粒；翡翠的颗粒则是不均匀，而且互相交织在一起。

（3）看光泽：独山玉折射率变化大，但主要是在1.52~1.56范围，低于翡翠。独山玉虽然粒度细，但由于不同种类矿物的硬度差别大，分布不均匀，所以抛光面往往不平整，抛光质量往往不好，油脂光泽明显。

（4）看硬度：独山玉的硬度6～6.5，低于翡翠。表面也相对容易出现一些划痕或摩擦痕；

（5）看色调：独山玉是多色玉石，由于主要是长石类矿物，尤其会显示一些肉红色~棕色。翡翠则一般不会出现肉红色；另外独山玉的绿色色调偏暗。翡翠的绿色可以出现翠绿色，比较鲜艳。

5 岫玉（蛇纹石玉）与翡翠的区别

（1）结构特征：蛇纹石玉的结构细致，没有翠性的显示。

（2）光泽：翡翠的光泽为玻璃光泽，蛇纹石玉为亚玻璃光泽。它的折射率是1.56左右，低于翡翠的1.66。

（3）内含物特征：蛇纹石玉常有特征的白色云雾状的团块和各种金

极品岫玉图片

属矿物，如黑色的铬铁矿和具有强烈金属光泽的硫化物。

（4）相对密度：蛇纹石玉的相对密度为2.57，比翡翠小很多，手掂就会感到其比较轻。用静水称重或重液可以准确地加以区别。

（5）硬度：大部分的蛇纹石玉的硬度低，一般可被刀刻动。

俄罗斯色好的碧玉

6 绿玉髓与翡翠的区别

（1）结构特征：隐晶质结构比较普遍。有时有玛瑙纹出现。抛光表面一般没有橘皮效应的现象。没有翡翠常有的色根、色脉等现象。

（2）颜色特征：颜色比较浅，比较均匀。

（3）折射率：1.54左右，比翡翠小。

（4）相对密度：为2.6左右，比翡翠小很多。

（5）吸收光谱：绿色玉髓是铁致色的，在光谱中看不到Cr的吸收线，也没有翡翠的437nm的吸收线。

天然翡翠光泽更亮，常有色根

阳绿玉髓

7 **染色石英岩（俗称马来玉）与翡翠的区别**

（1）丝瓜瓤构造：由绿色浓集在颗粒间空隙造成的。

（2）滚筒抛光凹坑：许多戒面的底面呈内凹状。

（3）颜色：均匀，油青色的品种底色干净没有黄色调。

（4）结构：没有色根、翠性等。

（5）折射率：1.55，比翡翠1.66低。

（6）相对密度：2.80左右；比翡翠低。

染色石英岩　　　　　　　天然翡翠颜色和晶体更自然

玻璃与翡翠的区别

8

（1）颜色特征：仿翡翠玻璃的颜色比较均匀，没有"色根"。

（2）包裹体：仿翡翠玻璃中常可见到气泡当鱼眼状。

（3）结构：一种脱玻化的绿色玻璃呈现有放射状（或草丛状）镶嵌状的图案，另一种称为"南非玉"的玻璃，稍微放大，即可见到羊齿植物状的图案。翡翠为各种粒状结构。

（4）相对密度：玻璃相对密度2.5
左右，比翡翠低。

（5）折射率：玻璃一般1.54左右，
比翡翠1.66低。

玻璃仿制品可见水泡

9 易混材料：永楚料的特征

产于危地马拉，主要成分为绿辉石。多为蓝绿色的薄料，
常挖成薄皮显水色，常被用于镶嵌。密度和硬度均低于翡
翠，目前发现的料子密度在3.24 ~ 3.32之间。从外观上看
与墨翠很像，市场价格约为墨翠的1/10。

永楚料大多挖底以显水色

永楚料的原石，大多水较短

翡翠及相似玉石的主要特征

玉石种类	折射率	重液反应（二碘甲烷）		查尔斯滤色镜反应	吸收光谱特征	外观（放大观察）
翡翠	1.66	3.30-3.36	悬浮或缓慢浮或沉	不变红	红光区可显三条吸收带，紫光区437nm有一吸收线	颜色不均匀，有色根，有翠性，粒状结构，橘皮效应，石花、石脑
软玉	1.62	2.95	漂浮	不变红	绿区509nm有一吸收线	颜色均匀光泽柔和、黑色点状分布
钠长石玉	1.53	2..66	漂浮	不变红	无	白色絮状物、墨绿色灰蓝色的飘花
钙铝榴石	1.74	3.45	下沉	粉红色	蓝区可显吸收带（461nm）	颜色不均匀常成点状、小团块色斑
独山玉	1.56-1.70	2.73-3.18	漂浮	粉红色	无	斑杂状色斑、黑色点状内含物
蛇纹石玉	1.56-1.57	2.44-2.84	漂浮	不变红	无	絮状物、黑色包体、强光泽的硫化物
绿玉髓	1.53	2.65	漂浮	不变红	无特征吸收谱线	颜色均匀、无色脉状
染色石英岩	1.54	2.6	漂浮	不变红或粉红色	红区660～680nm有吸收窄带680nm有吸收窄带	颜色集中于粒间间隙、呈树根状分布
玻璃	1.66	3.32	悬浮	不变红	无特征吸收谱线	具羊齿植物叶脉纹路

注：重液有一定毒性，现在使用较少。

三 翡翠的实验室鉴定流程

第三部分
翡翠的鉴别 Part Three

鉴定者以肉眼及放大镜观察翡翠的外观，看它的颜色、透明度、形状外观和光泽。翡翠的光泽应是玻璃光泽，如果有些翡翠外观是蜡状光泽，则应怀疑是 B 货翡翠。

在放大情况下观察翡翠的内部结构。天然翡翠有"苍蝇翅"特征。B 货翡翠，能看出翡翠的结构已经被破坏，结构疏松，在小矿物颗粒之间还填充树脂。

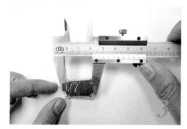

用游标卡尺量大小。

天平称重与测比重。一般翡翠的比重是 $3.30g/cm^3 \sim 3.36g/cm^3$。

偏光镜鉴别是否为非晶质仿品。天然翡翠转动360° 全亮，玻璃等仿品转动360° 全暗

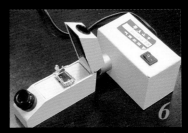

折射仪测折射率。翡翠的折射率为1.66左右，而外观近似翡翠的绿色软玉折射率为1.61~1.63，而冒充翡翠的石英类玉石折射率为1.54

用滤色镜检查。使用人工含铬染料染色的C货翡翠，在查尔斯滤色镜下是红色，而天然颜色的翡翠不变色。不过B+C货也不变色（现在有许多染色翡翠滤色镜下不变色）

用分光镜测定翡翠的吸收光谱。翡翠一般具有437特征吸收线，而绿色翡翠对波长489～503nm、690～710nm的光可吸收。染色的翡翠，其吸收线会成为宽的吸收带。

用荧光灯观察翡翠是否有荧光。天然的翡翠（白地青除外）一般在紫外光照射下不产生荧光，B货翡翠由于后注胶而发出粉蓝色荧光

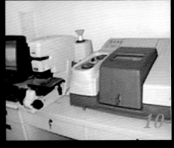

用红外光谱仪测定翡翠的吸收光谱。天然翡翠在 (2400~2600) cm^{-1} 和 (2800～3200) cm^{-1} 有强吸收峰，当在吸收光谱中出现明显的树脂的吸收带时，可以肯定为树脂填充的B货翡翠

四 翡翠的鉴别和仪器使用

第三部分
翡翠的鉴别 **Part Three**

1 显微镜和放大镜

　　观察要点：一是观察是不是翡翠，主要是通过观察有没有翡翠的特征入手，如翠性、包裹体等。二是表面是否有酸洗证据，三是颜色是否真实，尤其是在显微镜下若是染色的翡翠，可以很清楚地看到颜色是来自晶体的缝隙中而不是晶体本身的颜色。这两种工具一般只适用于小件翡翠的观察鉴别。

显微镜　　　　　　　手持式放大镜　　　　　　　折射仪

2 折射仪

　　折射仪是通过测定物件的折射率进而判断是否为天然翡翠的一种辅助设备。好处是可以无损、快速、准确地读出待测宝石的折射率。不足是只能测很小颗粒的宝石。翡翠的折射率是1.66，使用时将宝石放在滴有折射液的观察玻璃上面，通过观察刻度表中的黑线位置来判断折射率大小。

3 **偏光仪**

　　翡翠是非均质体，在偏光镜下转动 360° 应该是全亮的现象。这种仪器只能是起到辅助鉴定作用，不是鉴定性特征。只能适用于小件翡翠鉴别。

偏光仪

4 **比重计**

　　比重计可以测出翡翠的比重和密度，是翡翠鉴定的辅助仪器，使用比较简单。翡翠的密度在3.33 ~ 3.36 之间。

电子直读式比重计

5 **分光镜**

　　借助分光镜观察翡翠的特征光谱，可根据天然翡翠特有的 437nm 一条诊断性吸收带进行真假鉴定。其他类似石没有这条吸收线。

手持光栅式分光镜

6 紫外荧光灯

紫外荧光可以较易鉴别翡翠是否经过染色处理。在冷光照射下，通过观察分析翡翠产生的"荧光"鉴别翡翠真伪。若注胶，则在紫外线荧光灯下呈粉蓝色或黄绿色荧光；多数天然翡翠不会有变化。

紫外荧光灯

7 查尔斯滤色镜

查尔斯滤色镜采用强光源照射固定好的翡翠，滤色镜紧贴眼睛来观察。染色翡翠几乎都因含绿色有机染料而在滤色镜下呈红色，只有在使用特殊染料的情况下不显红色。天然绿色的翡翠在滤色镜下无变化，染色翡翠几乎都呈红色。

查尔斯滤色镜

8 红外光谱仪

红外光谱仪可以很好地鉴别翡翠分天然翡翠和人工优化处理翡翠，其红外光谱吸收谱带有所区别。酸洗充胶处理翡翠就有 $2850cm^{-1}$、$2922cm^{-1}$、$2965cm^{-1}$ 和 $3028cm^{-1}$ 的吸收峰，天然翡翠没有，或者只有不太强烈的 $2850cm^{-1}$、$2922cm^{-1}$ 和 $2965cm^{-1}$ 的因少量蜡造成的吸收峰。

傅里叶红外光谱仪

五 翡翠肉眼真假鉴别要点

第三部分
翡翠的鉴别 Part Three

翡翠类别 鉴定项目	A 货翡翠	B 货翡翠	C 货翡翠 B+C 货翡翠	D 货翡翠
颜色	颜色真实自然，有色根。	颜色呆板、沉闷。	颜色不自然，鲜艳中带邪色，有带黄的感觉。颜色是充填在矿物的裂隙中，呈现网状分布，无色根。	多数无丰富多彩的颜色。
光泽	油脂至玻璃光泽。	光泽弱并呈蜡状，树脂光泽。	光泽弱并呈蜡状，树脂光泽。	多为树脂光泽。
放大观察表面特征	表面细腻致密，光洁度高，可见翠性。	表面不够光洁，可见砂眼、腐蚀凹坑（腐蚀网纹），结构松散。	表面不够光洁，可见颜色沿颗粒空隙及裂隙分布并浓集。	表面细腻致密，光洁度高，少或几乎不见翠性。
底与色	底与色协调自然。	底与色不协调，无自然过渡。	底与色不协调，颜色艳丽。	底与色协调自然，人工除外。
铁迹	可见铁迹。	底很干净很白，不见杂质和铁迹。	底很干净、很白，不见杂质和铁迹。	视不同仿品而定。
声音（手镯）	声音清脆，声波短促。	声音有中断感，沙哑。	声音有中断感，沙哑，没有内容。	声音可以很响，大多声波长。
重量	较重，有拈手感。	较轻	较轻	轻许多，手感浮。

【注】D 货指多数似玉仿品。

B+C翡翠，颜色
呆板、沉闷

B货翡翠，色阳，色与底
对比不自然，颜色呆板，
光泽弱并呈蜡状，表面不
够光洁

C货翡翠，颜色不自然，鲜艳
中带邪色，无色根

马来玉（染色石英岩），D货
翡翠。表面细腻致密，结构松
散，不见翠性

B货翡翠。光泽弱并
呈蜡状，树脂光泽

六 酸洗翡翠处理鉴别

第三部分
翡翠的鉴别 **Part Three**

1 酸洗充胶的工艺方法

（1）选料。一是易被强酸或强碱漂白溶蚀的材料。二是质地不能太好、成本不能太高。所以一般选择合适于B货处理的翡翠原料是含有次生色，结构较为松散，晶粒较为粗大，质地较为低劣的翡翠品种。

（2）切割。为了使酸洗和充胶更为快速，把原料切割成一定厚度的玉片或玉环。

（3）酸洗漂白。用各种酸（如盐酸、硝酸、硫酸、磷酸等）浸泡选好的原料，一般要泡40

使用各种酸浸泡

酸洗翡翠一般采用晶粒较为粗大，质地较为低劣的翡翠品种

天，也可以略为加热以加快漂白的过程，酸洗的目的是除去黄褐色和灰黑色杂质。

（4）碱洗增隙。把酸洗漂白过的原料清洗干燥后再用碱水溶液加温浸泡，碱水对硅酸盐的腐蚀作用，可起到增大孔隙的效果。

（5）充胶。把酸洗碱洗后的原料烘干，放在密封的容器中抽真空，达到一定的真空度后，在容器中灌入足够的胶使翡翠原料完全浸入胶中，还可以通过增加压力，使胶能够把翡翠原料中的所有空隙都充填到。最后用树脂胶进行固结，以增加强度和透明度。

（6）固结。在胶还未完全固结之前，把翡翠原料从半固结状态呈黏稠状的胶中取出，放在锡纸上放入烤箱烘烤，强化固结。

酸洗前用铁线加固，防止裂开。C货翡翠

酸洗加色后的成品

酸洗加固

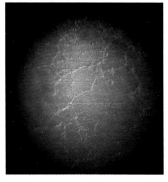

B货翡翠的局部放大图　　　　经酸洗翡翠从原料到酸洗后到充胶后的原料对比

2 酸洗翡翠的鉴识

肉眼鉴别方法：

（1）酸蚀网纹。翡翠B货似干裂土壤的网状裂纹。在放大镜或显微镜下观察时，翡翠B货可见细线状围绕着每一个晶体颗粒连通状的网纹。

（2）酸蚀充胶裂隙特征。若翡翠有裂隙存在，可以通过裂隙特征进行鉴别。翡翠B货中较大的裂隙内会充填有较多胶，在反射光下通过显微镜可见到呈油脂状（反光较弱）的平面。

（3）充胶的溶蚀坑。由于翡翠中含有某些局部富集的易受酸碱溶蚀的矿物，如铬铁矿、云母、钠长石等，在处理过程中被溶蚀形成较大的空洞，空洞中可填充大量的树脂胶。胶一旦脱落就会出现一个个的蚀坑。

（4）底净，杂质少。酸洗翡翠太多过于干净、杂质极少。天然翡翠在放大观察时常可见到小锈斑、小黑点杂质。

（5）晶粒界限不清和色根不明显。酸洗翡翠由于晶粒之间充填了透明度高的树脂胶，使得晶粒边界不够清晰，颜色变得不自然，色根不明显。

（6）敲击声沉闷。酸洗翡翠的敲击声音沉闷嘶哑，不够清脆，与天然清脆悠扬的声音不同。

（7）充胶过多会显蓝光。充胶过多的酸洗翡翠，在侧光情况下会泛蓝光，这种光是胶的反光，比较柔和。

仪器鉴别方法：

（1）紫外荧光

在紫外荧光下经过酸洗充胶的翡翠有由弱到强的蓝白色荧光。天然翡翠则没有。

（2）相对密度

经过酸洗充胶的翡翠，相对密度会明显地降低，一般相对密度小于3.30，在纯二碘甲烷的重液（相对密度值约3.30）中上浮。

（3）酸滴试验。酸滴试验是用来鉴别酸洗翡翠的一种特殊的方法。在翡翠的表面滴上一小点盐酸置于显微镜（约放大40倍）下观察，天然翡翠可在酸滴外缘出现汗珠，特别是汗珠会沿纹理成串出现，形成蛛网状，酸滴在天然翡翠表面上干涸较快，并会留下汗渍。酸洗翡翠则无汗珠反应，酸滴干涸的速度也慢，无明显的污渍。此为破坏性检验，需慎用。

（4）酸洗翡翠的红外光谱特征。

酸洗翡翠的红外光谱呈现在 2870 cm⁻¹、2928 cm⁻¹ 和 2964 cm⁻¹ 波数的吸收峰，3035cm⁻¹ 和 3058 cm⁻¹ 的吸收峰分别构成两个较大的吸收谷，并且，2870 cm⁻¹、2928 cm⁻¹ 和 2964 cm⁻¹ 3 个吸收峰中，2964 cm⁻¹ 波数的吸收往往比 2928 cm⁻¹ 波数的吸收更为强烈。此外，在 2200～2600 cm⁻¹ 波数范围，还可见到不太明显的多个吸收峰。这些吸收峰都具有诊断性的意义。

七 机器工艺与人工雕刻的鉴别

第一种　采用超声波机器靠模雕刻工艺

　　这种工艺的做工过程，是采用一个高碳钢制作的精美模具，利用高硬度的碳化硅做解玉砂，通过机器带动模具在玉料表面以超声波的频率来回振动摩擦，达到快速解玉和雕刻的目的。

　　这种工艺的特征有：

　　（1）机工雕的成品一般为薄的玉石牌子、观音、佛等，而很少有形状饱满的圆形挂件。

　　（2）机工雕刻的牌子、佛、观音等题材比较多，款式大众化，雕刻的纹路花式均一致。比如，佛就是标准的圆形薄板状大肚子佛，观音就是盘腿坐在莲花座子上面的形态，所雕刻的面部表情都十分标准，但是雕刻线条多数深浅一致，浅浅的勾勒。经常会看到好几件款式及雕法一模一样的产品。

手工雕刻的翡翠线条流畅

机器工艺的东西所雕刻的线条都比较浅，工艺压线浮于表面，从整体观察，工艺的压线深度都完全一致。

（3）所有机工的成品，掏的洞都是有坡度的，以便模具进出，雕件看起来很复杂，但是往往会有一个共同的平面，基本上不会出现牛毛般纤细的刀工。手工雕刻用放大镜来看，有坑坑洼洼的痕迹。而机器工没有。

（4）机工雕刻物体所有的线与面都非常的圆润，线条无力。不像手工雕刻，线条流畅有力。

（5）机工雕刻的阴线一般都像是模子铸造出来的。而手工的线条即使再精到，也或多或少的留下陀痕。

（6）机工雕刻的东西过于规整，直线太直，平面绝对平，误差小，作品感觉死板。如果手工的东西则觉得线条流畅、传神。

第二种　电脑机械手雕刻

这种技术就是用设定好图案的程序，将其导入电脑中，由电脑操纵机械手，机械手上安有金刚砂轮，在玉器表面磨出图案。

这种工艺的特征是：

（1）一般是运用在玉牌的雕刻中，圆雕、立体雕刻件以及器物的掏膛无法实现。

（2）一般运用在玉色比较均匀的料子中，有巧色的料子，无法准确设定。

（3）一般都是浅浅的浮雕，或者是阴雕的工艺才能实现，高浮雕无法实现。

（4）做工相比超声波机器模具雕刻比较细腻，但仍旧无法传神。如果在集散市场，能见到许多大小类似、做工一样的作品，应判断为电脑工。

第三种　激光雕刻

激光雕刻和电脑机械手雕刻有类似，只是用激光而不是用金刚砂轮来实现的。

随着科技的发达，机雕工艺一定会越发展越先进，机雕可以节省许多雕刻时间。然而在玉雕行业中，特别是翡翠行业中，同一材料翡翠也有色彩、质地的变化，电脑不能代替人脑，机械不能代替手工。人的思想、情感对作品有极大影响，人类的智慧以及手工精巧的雕刻将会有更高的价值，好的雕工也会弥足珍贵。

机工只能千篇一律，大多显刻板

机器工适合做小浮雕的作品

超声波机器进行雕刻中

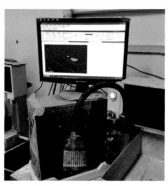

由电脑控制所需制作的图形

电脑控制的超声波玉雕机器大大提高
工作效率，降低制作成本

翡翠激光雕刻机

这种工艺的特征是：

（1）目前只能运用于小件的翡翠上使用，可以实现浮雕、阴雕、内雕、圆雕、立体雕等各种雕刻。

（2）雕刻的精细度最高可达 0.02mm 的细节。可雕刻人眼难以实现的细节。

（3）无法实现巧色产品的运用，难以对裂、棉等瑕疵进行有效的利用。

（4）线条比较呆板，没有活力和变化。

（5）多运用在中低档以下原料。

八 翡翠压模做假鉴识

第三部分
翡翠的鉴别 Part Three

翡翠压模的做法主要集中在低端产品，为了降低成本，提高工作效率，将天然翡翠边角料细化、磁选、压制、烧结等工艺最终制得与天然翡翠相近的翡翠制品。

粉体法压制翡翠工艺如下：

（1）将翡翠边角料为原料，进行初步碎化，用电磁分选仪进行分离，将磁选出的近无色翡翠粉体添加5wt%黏结剂（无铅硼酸盐玻璃）和1 wt % 致色剂（天然富 Cr 硬玉）。

（2）采用高能球磨机进行粉末细化处理。

（3）将翡翠粉末用静压设备压制样品。

（4）通过放电等离子体烧结设备和法兰式高压反应釜进行烧结。

压制翡翠是由翡翠粉末压制而成，其材料也是翡翠，所以许多特征与天然翡翠是相近的，比如硬度、折射率、光谱吸收线等特征。

压模所使用的模具

鉴别方法：

（1）特征观察。压制翡翠的种水相对较差，翡翠整体均匀，无裂隙，表面纯净，晶体较细腻，颗粒感强，没有天然翡翠的翠性、色根、水筋、棉絮等等特性。如出荧光的翡翠、种好色好的翡翠、三彩翡翠、飘色或有点状色根的翡翠等。

（2）压模翡翠的工艺统一，没有变化，颜色一致，有呆滞感，模具黏合处若后期没处理好，甚至能清楚看到拆模处的线条。

（3）天然翡翠的手感较顺滑、自然，压制的翡翠不光滑，有涩感。

（4）压模翡翠因使用胶进行黏合，紫外线荧光下呈粉蓝色或黄绿色荧光。天然翡翠不会有变化。

压模所使用的模具

用压模压出的佛公

九　镀膜翡翠做假鉴识

　　镀膜翡翠又称涂膜或喷漆。方法是采用各种颜色胶状高挥发性的高分子材料，类似指甲油状的物质，一般是选择种好无色的翡翠，在其表面把这种黏稠的胶状物均匀地涂抹上去，大多为有绿色的膜。

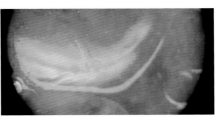

镀膜的翡翠

　　其鉴别方法有：

　　（1）表面观察：①用肉眼或放大镜观察，可见颜色仅附于翡翠表皮，没有色根，膜上常见很细的摩擦伤痕。②镀膜的绿色分布均匀，翡翠的正反面颜色都一样，没有天然翡翠呈斑状、条带状、细脉状、丝片状的颜色分布特点。③镀膜翡翠的表面特征橘皮效应变得不明显，看不见粒间界线。表面有毛丝状的小划痕。④因其表层的薄膜是用一种清水漆喷涂而成的，折射率仅1.55左右，肉眼可见差别。

　　（2）手摸。有的镀膜翡翠用手指细摸有涩感，不光滑，天然品滑润，镀膜品可能会拖手。甚至手湿时会有粘感。

　　（3）刮划。使用硬度较高的硬物，如硬币刮划翡翠表面，翡翠的硬度高于刀片，天然翡翠刮划无妨，而镀膜翡翠的色膜用硬币刮动时，会成片脱落。

　　（4）擦拭。用含酒精或二甲苯的棉球擦拭，镀膜层会使棉花球

天然翡翠经得起一般的刻画

染绿。

（5）火烧。用火柴或烟头灼烤，薄膜会变色变形而毁坏，天然品则没有什么反应和变化。这属于破坏性实验，一般不使用。

（6）水烫。用烫水或开水浸泡片刻，镀膜会因受热膨胀而出现裂纹和皱裂。这属于破坏性实验，一般不使用。

焗色翡翠鉴别

第三部分
翡翠的鉴别　Part Three

翡翠的焗色主要就是指对翡翠样品进行加热,使灰黄、褐黄等颜色的翡翠改变成红色的工艺,是一种加热处理的工艺。

焗色的原理:黄色、褐色的翡翠颜色是由于充填在间隙中的次生的含水氧化物褐铁矿($Fe_2O_3 \cdot nH_2O$)造成的,通过加热可使含水的褐铁矿脱水,形成红色的赤铁矿(Fe_2O_3)。由于焗色过程中没有人为地添加染色剂,焗色的红色翡翠和天然翡翠的呈色机制一样,所以焗色被看作是一种可以接受的加工过程,属于优化方法。按照我国颁布的《珠宝玉石国家标准》,热处理宝石(包括翡翠)被视作简单"优化",列入天然宝石之类,在专业检验机构出具的证书上也不会特别注明,直接视作天然 A 货。但

经焗色处理的翡翠

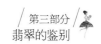

对于翡翠老行家而言，天然形成的难度和美感要比焗色好很多，价格也相差很远。对于以焗色方式充当天然翡翠进行销售以获取更高利润的方法是不可取的。

　　焗色的步骤是先把要焗色的翡翠原料用稀酸清洗，彻底清除表面的污物和油迹后。把翡翠样品放在预先准备好并铺有干净细沙的铁板上，再将铁板置于火炉上，也可以用高温的烤箱，缓慢加热，以保证样品均匀加热，加热的温度一般控制在200℃左右，加热过程要观察颜色变化，当颜色变成猪肝色时，就停止加热，并缓缓冷却，冷却后翡翠即会显示出红色。加热的时间根据大小而定，一般是四十分钟到一个小时。为了获得鲜艳的红色，在加热时会加醋以达到更好的效果，加热后还可把已加热变红的翡翠浸泡在漂白水中数小时，使之氧化更为充分。

天然的黄翡→

鉴别焗色翡翠的方法：

（1）用红外光谱检查翡翠的细小龟裂处。天然翡翠会在 $1500 \sim 1700cm^{-1}$ 和 $3500 \sim 3700cm^{-1}$ 发现有吸收线存在，而焗色翡翠因为水分在煅烧中被蒸干所以不会发现吸收线的存在。

（2）天然红色翡翠的润泽度、透明度均超过焗色翡翠，焗色翡翠质地较为干燥，显得不自然。

（3）天然红翡的内部石纹会有规律的向一个方向延伸，因为自然加热演变的过程漫长而又柔缓。而焗色翡翠由于是在短时间内突然受到热刺激，因此石纹会杂乱无章或者呈放射状。

（4）因为高温处理破坏了翡翠的内部结构，因此焗色翡翠在敲击时发出的声音发闷。

天然的红翡

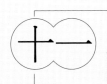

1 掂重法

虽然比较原始，但对于稍有经验的人十分有效。翡翠有它的特殊密度3.33。与它类似的宝玉石密度大多比它密度小，比如碧玉、大理石、水沫子（钠长石玉）、玛瑙等的密度都低于翡翠。应注意，水钙铝榴石的密度略高于翡翠。

翡翠相对于大多相似品重

2 手镯声音鉴别法

将翡翠用细绳吊起，用玛瑙棒轻轻敲击翡翠手镯，敲击产生的声音来判断翡翠手镯是否有断裂，是不是有酸洗（B或者B+C）处理。天然的翡翠手镯，如果没有断裂，一般声音铿锵有力，种水越好，质地越细腻声音就越好。当然，手镯的大小，条子的粗细，以及条子的形状，都会影响手镯的声音。B或者B+C手镯，因为酸洗过程对手镯中的翡翠晶体有破坏，所以声音沉闷。这个方法需要有一定的训练后使用，是传统且非常实用的鉴别方法。

天然翡翠手镯声音清脆

3

刻画法

在玻璃上刻画，翡翠的硬度高过玻璃，会留下痕迹。但因为这是有一定破坏性的方法，故而不推荐使用。

刻画法是根据硬度差别进行鉴别，高品质的翡翠很少使用此法

4 **手触觉法**

若是真的翡翠用手摸有冰凉润滑之感，玻璃则冰凉感不足。（但不是有冰凉感的就是翡翠。）B货和B+C翡翠因为表面有酸蚀留下的痕迹，轻轻触摸，会有粘手感，而A货翡翠则由于抛光顺畅，不会有这样的感觉，会比较平滑舒适。

通过表面的光感和传热快慢进行判断

5 **闻**

有些高仿假翡翠利用专用玉粉配与专用胶配兑而成，拿两个玉器互相摩擦后闻气味，真翡翠无特殊气味，若有糊味的即为假翡翠。

有糊味则是做过处理的翡翠

6

看

　　结合翡翠的结晶粗细，看它的表面光泽。将翡翠对着光亮处观察，看晶体透明度、内部结构、光泽等。B货翡翠因为经过酸洗，虽然看上去十分通透，但表面光泽却发雾，行内人称"种水不符"。C货翡翠因为颜色是入色的，所以颜色和晶体是分开的，觉得没有色根，颜色浮于表面。

有经验者对着光线观察便可以通过天然翡翠的特性判断出真伪

7

十倍放大镜法

　　B货翡翠可以看到有酸洗留下的网纹。B+C货可见晶体间隙有色素存在，而不是晶体本身颜色。

放大镜有助于观察处理痕迹

　　这些方法要结合使用，不可以单一使用。即使在实验室，这些方法也可以为快速鉴定提供一定的依据。

翡翠的鉴赏

FEICUI DE JIANSHANG

1 **种：结晶的大小（越小的结晶越好）**

　　极细粒：在 10 倍放大镜下不可见。

　　细粒：在 10 倍放大镜下隐约可见。

　　中粒：在 10 倍放大镜下易见，肉眼
隐约可见。

　　粗粒：肉眼可见。

　　极粗粒：肉眼极易见。

晶体粗大到肉眼可见，种就一般

2 **水：指透明度**

　　翡翠玉质若聚光能透过 3mm 深，称为 1 分水；

　　若能透过 6mm 深，则为 2 分水；

　　若能透过 9mm 深，则为 3 分水。

浓阳正匀的颜色分布为上品

3 **色：指翡翠的颜色**

　　主要有绿色、白色、紫色、红色、黄色。以浓阳正匀为上品。

　　"浓"是指颜色力度强，不显弱；

　　"阳"是指色泽鲜明，给人以开朗、无郁结之感；

　　"正"是指没有其他杂色混在一起；

　　"匀"是指颜色均匀；

底： 指内含物多少，清爽与否，杂质多少与分布等。

好底：光芒、底子色和翡翠的净度。质地坚实、结构致密、光线柔润、底色好，冰通透艳，瑕疵极少。

一般底：有一定的杂质和瑕疵，内含物不占主流视觉，底有杂色。

差底：不清爽，很堵的感觉，有明显的内含物，肉眼可见较多白棉、黑斑、灰丝、冰碴等瑕疵。

底灰，总给人不干净的感觉

肉眼可见较多白棉、黑斑等瑕疵，
给人不清爽之感

裂： 翡翠中的裂堑、绺裂。

无裂为好；能巧妙避开的裂则可以接受。肉眼明显可见裂为次。

山子题材往往是避裂的好选择

6　**工：指翡翠作品的工艺水平高低及文化内涵。**

　　好工：对称和比例协调，繁简得当，取巧用色，工艺传神，创新别致，内涵丰富。

　　一般工：主旨清楚，表达得当，工艺娴熟，雕刻线条流畅，寓意明确。

　　差工：主题不清，工艺欠佳，线条不到位比例不正，缺乏美感。

好工艺繁简得当，取巧用色，工艺传神

二 翡翠鉴赏的光线

第四部分
翡翠的鉴赏 Part Four

类别	自然光线下	白炽灯下	日光灯下
紫罗兰翡翠	紫罗兰翡翠在不同的地域表现不同。同样的紫罗兰翡翠，在云南等地处高原地带的地区，由于紫外线比较强，颜色也会显得格外鲜艳，但是拿到沿海等地以后，紫色就会变淡，在购买时需要特别注意。	在黄色灯光下会使紫色增彩。	日光灯下颜色会偏蓝、偏灰，暗淡。
晴水绿翡翠	所谓的"晴水绿"是指在整个翡翠制品中出现的清淡而均匀的绿色，但在强光或自然光下色泽很淡或几乎无色。	绿色在灯光下会比较明显，均匀清淡，十分诱人。	在日光灯下颜色会偏蓝。
豆种豆色翡翠	豆种翡翠由于结晶颗粒较粗，自然光下观察，绿色分布往往也会不均匀，呈点状或团块状，白色棉絮也比较突出，颗粒感比较明显。	在柔和的灯光下面，绿色会显得比较鲜艳和均匀，棉絮也不突出，颗粒感也不明显。	在日光灯下颜色会偏蓝、偏灰。
墨翠	自然光线下，墨翠由于含有较多的铁元素而显示黑色。	在白炽灯下，灯光从后面照时，显示墨绿色。	在日光灯下，灯光从后面照时，显示墨绿色。
艳绿色翡翠	一般在比较强的光源照射下，如对着太阳光颜色会变淡，感觉也就没有灯光下好了。	在黄色调柔和的灯光下，翡翠颜色会显得更鲜艳一些。	在白色的灯光下，翡翠颜色会显得偏蓝，显苍白。

注：其他颜色的翡翠在不同光源下的变化相对稳定。

白炽灯下的表现　　　　　黄光灯下的表现　　　　　日光下的表现

白炽灯下的紫色翡翠　　　黄光灯下的表现　　　　　日光下的表现

翡翠的光学效应

翡翠光学效应	变色效应	猫眼效应	荧光反射
紫色翡翠	在不同光源下变色	极少	极少
白色翡翠	无	能聚光而产生猫眼效应	反射光强而形成荧光
红黄色翡翠	无	极少	稀少
绿色翡翠	在不同底色下变色	极少	稀少
其他翡翠	无	极少	稀少

红色翡翠在暖光下颜色变深

白色起荧光的手镯

紫色翡翠在暖光下颜色变蓝

三 翡翠素石作品鉴赏要点

项目	蛋面	坠子	手镯
拿取要点	①在软的底垫上进行观赏。 ②用手指夹住指圈，戒面向上，轻轻转动。	①要在软的底垫上进行观赏。 ②用左手拇指和食指夹住上下部分，右手拇指和食指夹住左右两边。根据习惯可更换左右手位置，轻轻翻转。	①要在软的底垫上进行观赏。 ②满手攥紧或满手抓紧一侧，另一手用于转动手镯进行观赏。
观察要点	①内部很重要，主要是观察是否有裂有棉。 ②比例是否标准，长宽与厚度形体比例协调。 ③蛋面表面是否有瑕疵或裂等。 ④品质鉴赏，包括地、色、水、种、质等。 ⑤衬在皮肤上，或者垫在金箔纸上（如果是裸石）看镶嵌或佩戴的效果。	①前后左右进行观察。 ②整体形状是否比例协调。 ③内部及表面是否有瑕疵或裂等。 ④雕刻是否繁简得当，对细节的把握如何，雕刻图按寓意解读。 ⑤品质鉴赏，包括地、色、水、种、质等。 ⑥佩戴于胸前，搭配项链，或配绳看佩戴效果。	①从内外圈进行观察。 ②整体形状是否比例协调。 ③内部及表面是否有瑕疵或裂等。 ④品质鉴赏，包括地色水种质等。 ⑤佩戴在手上，看看尺寸是不是合适；捋起袖子，看和手臂粗细及肤色的配合。

项目	蛋面	坠子	手镯
观察方法	①自然光或白光下（观察颜色），配合透射和反射光线，用笔灯和手电观察。反射光用来看颜色、抛光、做工等，透射光用来看翡翠里的杂质、棉絮等。	①在自然光或白光下（观察颜色），配合透射和反射光线，用笔灯和手电观察。反射光用来看抛光、做工等，透射光用来看翡翠里的杂质、棉絮等。	①在自然光或白光下（观察颜色），配合透射和反射光线，用笔灯和手电观察。反射光用来看抛光、做工等，透射光用来看翡翠里的杂质、棉絮等。从内外两侧照手镯，以确认完整度。
	②光、戒面、眼成一线观察。	②光、坠子、眼成一线观察。转动坠子，从不同角度观察。	②光、手镯、眼成一线观察。转动手镯，从不同角度观察。
	③远观整体，近观细节，上看内部，下看表面。	③远观整体，近观细节，上看内部，下看表面。	③远观整体，色彩的分布、搭配；近观细节，看纹路、棉絮等。
	④有必要时（如对裂隙等的判断）使用放大镜。	④有必要时使用放大镜观察。	④有必要时使用放大镜观察。
注意事项	①翡翠不过手。不用手递送给对方，以免发生不测。	①翡翠不过手。	①翡翠不过手。
	②平拿平放。	②平拿平放。	②平拿平放。
	③手需擦干后取拿，防止滑落。	③手需擦干后取拿。防止滑落。	③手需擦干后取拿。防止滑落。

蛋面鉴赏手势

在阳光下看颜色和整体感觉

放大检查，细节鉴赏

边擦拭边看

用笔灯观察棉絮和内部结构外圈

紧握手镯转动，观察手镯内外圈

整体观察做工和构图等

抓握手镯，以免掉落

项目	摆件	把玩件
拿取要点	① 要在软的底垫上进行观赏。 ②用双手抱紧重心位置或平放于水平桌面。	①要在软的底垫上进行观赏。 ②满手包住把玩件，其中一手指抓紧或穿过配绳。
观察要点	①前后左右进行观察。 ②整体长宽高及厚度是否比例协调。 ③内部及表面是否有瑕疵或裂等。 ④构图是否得当完美，是否巧妙利用俏色，雕刻图按寓意解读。 ⑤品质鉴赏，包括地、色、水、种、质等。	①前后左右进行观察。 ②长宽高及厚度是否比例协调。 ③内部及表面是否有瑕疵或裂等。 ④构图是否完美，是否巧妙利用俏色，雕刻图是否按寓意解读。 ⑤品质鉴赏，包括地、色、水、种、质等。 ⑥握握看，感觉一下把持的手感。注意绳子和小配件与玩件的搭配，牢固与否，色彩和艺术感。
观察方法	①在自然光或白光下（观察颜色），配合透射和反射光线，用笔灯和手电观察。反射光用来看抛光、做工等，透射光用来看翡翠里的杂质、棉絮等。 ②光、摆件、眼成一线观察。转动摆件从不同角度观察。 ③远观整体，色彩分布、构图等；近观细节，细部做工、抛光等。 ④必要时使用放大镜观察。	①在自然光或白光下（观察颜色），配合透射和反射光线，用笔灯和手电观察。反射光用来看抛光、做工等，透射光用来看翡翠里的杂质、棉絮等。 ②光、坠子、眼成一线观察。转动坠子从不同角度观察。 ③远观整体，色彩分布、构图等；近观细节。 ④必要时使用放大镜观察。
注意事项	①翡翠不过手。 ②平拿平放，轻拿轻放。 ③手需擦拭后拿取，防止滑落。	①翡翠不过手。 ②平拿平放，轻拿轻放。 ③手需擦干后拿取，防止滑落。

常用的便携工具放大镜、虑色镜、笔灯和分光镜等

玩件鉴赏手势

摆件鉴赏

翡翠人物作品鉴赏

第四部分
翡翠的鉴赏 Part Four

要素	特征表述
材料	主要是从种、水、质、色、裂、工、形等方面进行材料质量的评价。尤其是脸部等重要部位对质量要求更高，不能有裂棉等瑕疵存在。
雕工	人物的雕工鉴赏重点是面相表情与线条。面相和线条要求能够与主题贴切，如宗教类的观音。脸部表情要庄严慈祥，脸型要大气饱满；线条要飘逸柔美，发髻要刻画细致，给人以崇高的精神力量，如人文类的关公，面相要威严、正气，最好是红色材料表达。线条要简单、潇洒，有力度感；眼眉、胡须的线条要浓密，塑造关公的正义形象。
造型	人物造型有全身和局部，有正形和随形之分。主要鉴赏要点是形体比例与主题是否相符。如佛公的肚子就不适合太薄。人物的面部不宜过薄过小。
题材	主要是宗教类和人文类。宗教类如佛教的观音、如来佛、达摩、弥勒佛等，道家的老子、庄子等；人文类如历史人物关公、岳飞、钟馗等；庆祝类如福娃、寿星等。不同题材的人物所需要表达的审美、文化、神韵和鉴赏的内容各不相同，因人而异。
配饰	人物有两种配饰法。一是做扣头，配项链。讲究扣头是否与人物相呼应，项链颜色要与翡翠相配。二是直接配上绳子，或其他珠链。讲究绳子的颜色或珠链颜色的搭配，不能呛色。

局部造型的庆祝类寿星作品

宗教类老子出关作品

红翡更显关公的正义

全身造型的佛公作品

创意型人文作品

玻璃种白净的坠子

五 翡翠花件鉴赏

第四部分
翡翠的鉴赏 **Part Four**

紫带绿的素面桃子

要素	特征表述
材料	主要是从种、水、质、色、裂、工、形等方面进行材料质量的评价。花件大多材料相对不够完美的情况下的做工选择，重点是鉴赏是否有大的影响价值的瑕疵和裂。
雕工	花件的雕工鉴赏重点是形体与线条。形体和线条要求能够与主题贴切。能做素面的不做简工，能做简工的不做繁工。型体比例要合适、有美感。线条要能有效避开材料的裂和瑕疵，把材料的不足进行有效的处理。
造型	分素面、简工和繁工。素面一般材料较完美，讲求比例的协调，简工讲求主题的有效表达，繁工一般是为了掩饰材料的不足。注意材料的避开情况是否影响美感。
题材	题材不限，往往是因料而定，主要视雕刻师的创意而做。素面类如怀古、豆子、葫芦、如意等。简工类如叶子、竹节、貔貅等。繁工类如山水等。
配饰	花件有两种配饰法。一是做扣头，配项链。讲究扣头是否与主题相呼应，项链颜色要与翡翠相配。二是直接配上绳子，或其他珠链。讲究绳子的颜色或珠链颜色的搭配，不能呛色。

巧色黄翡貔貅

玻璃种繁工山水坠

冰种飘蓝花的葫芦坠

种色俱佳的貔貅

飘绿色的简工叶子

厚实的简工龙璧

六 翡翠手镯鉴赏

第四部分
翡翠的鉴赏 Part Four

宽版厚庄的艳丽黄翡手镯

要　素	特征表述
大小	手镯内径尺寸的选择方法，以佩戴者的手骨软硬为主，手镯可以通过手掌骨即可。佩戴手镯最美观的是镯与腕之间有 1~1.5 个手指粗细的游动距离，口径在 55 ~ 58mm 之内，圈口越大，价格越高。圈口小于 55mm 的，因其适用人群少，会影响价格。
底子	指的是通透度和质地。通透度越好价格越高，特别出荧光与没有出荧光的手镯价格相差可以达 5 倍以上。种水相同的两只手镯，由于质地细腻度不一样，也可能相差数倍的价格。
颜色	颜色浓淡、色调、多少、分布等对手镯的价格有着很大的影响。首先，一点颜色的和一大段颜色的，价格要相差很多；其次，我们要看颜色的浓淡，浓淡度不同的手镯，价格会相差很多；再次，我们要看颜色的鲜、暗，鲜阳程度，颜色相对暗淡的价格也就会低很多。再则，手镯上的颜色是越聚越好的。在同样是 1/3 颜色的情况下，颜色集聚与颜色散散地、星星点点地存在于手镯中的，其价格会相差很多。此外，我们还要看手镯的颜色是飘绿还是满绿。可以制成满绿的手镯是绝不会制成飘绿的。通常情况下，满绿手镯要比飘绿手镯的价格高出数十倍。

要 素	特征表述
绺裂	一是辨别裂和纹是原生的还是次生的，原生影响相对小，若是已愈合，可做杂质考虑；二是裂纹的大小和深度要考虑，浅而小的影响小；三是考虑裂纹的方向，若有环绕条径的裂纹将极大地损害翡翠手镯的价值，如果平行于手镯条径方向的小原生裂纹则对其价值和恒久度影响比较小。表面看起来毫无瑕疵的，很可能是种不好，不容易看出翡翠内部的问题。而种越好的翡翠，内部越清楚，绺裂等现象也越明显。
瑕疵	观看手镯上有无瑕疵、黑点、黄褐斑点、石花等有损玉质美观的缺点。特别是要看这个瑕疵的明显程度、颜色、大小以及对手镯美观的影响来评价它对手镯价值的影响。
加工精度	加工好的翡翠手镯粗细均匀，抛光精良，具滑感，用手触摸没有粗糙的感觉，平放在玻璃上平稳，触动无响声。
款式	目前比较流行的有三种：圆镯（福镯）、扁镯（普镯）和椭圆镯（又称"贵妃镯"）。圆镯属于传统款，取料最难，但佩戴不易贴手；扁镯和贵妃镯古典韵味则比较贴手，受现代女性欢迎。还有其他异形的，如方形管的、雕花的等。
形体	其他条件相同的情况下，由于宽细不同、厚薄不同，价格也会不同。一般来说，用料宽的厚的价格较高。

冰玻种带艳绿贵妃镯，品质好，唯条子稍细

难得的满黄细腻手镯，唯条
子稍细

难得的满绿的圆条手镯

宽版厚庄的冰糯地飘兰花手镯

宽条厚庄对手镯，材质顶级，圆润
浑厚

七 翡翠玩件鉴赏

第四部分
翡翠的鉴赏 Part Four

寓意深远的鞋把玩

要 素	特征表述
材料	主要是从种、水、质、色、裂、工、形等方面进行材料质量的评价。
手感	手把件的手感是其收藏的要素。有的人喜欢整体比较光滑圆润的，有人喜欢有点小棱角可以按摩手上的穴位的。总的来讲应该要避免太尖锐的棱角，有适合手形的弧度，以免在玩赏时被损坏。
尺寸	手玩件要以适合手玩、把握为宜。大小依照个人手的大小和喜好来选择。一般男性手大，喜欢用大的；女性通常用尺寸小的。
题材	同样是雕刻品，玩件因其需要的料子大，它的创作空间比挂件要大，因此它的创作题材会更加广泛和丰富。有传统的题材，有古老的说法，有带有祝福吉祥寓意的，如弥勒佛、貔貅、马上封侯、莲蓬青蛙等；也有一些新颖的题材，如欢天喜地、和谐。
雕工	雕工对玩件作品比挂件更加重要，因为其创作空间大，色彩和种水的变化有时候会很大。注意作品的构图和布局、俏色的利用、细节雕工的处理。
配饰	玩件一般会配上绳子，戴在身上、包上，随时可以取出玩赏。比较讲究的配饰能为其添色不少。首先是绳子的颜色和玩件的搭配，不能呛色；其次是绳结上的小饰物和作品题材的相互呼应，比如作品是以青蛙莲蓬为题材的，则装饰以菱角，作品以貔貅为题材的，装饰以小元宝等等。

素面俏色把玩

圆润可爱佛公把玩

三彩金蟾玩件，饱满，手感好

朴素自然的达摩玩件

三彩巧色把玩件

八 翡翠摆件鉴赏

第四部分
翡翠的鉴赏 Part Four

要 素	特 征 表 述
材料	主要是从种、水、质、色、裂、工、形等方面进行材料质量的评价。
题材	翡翠摆件因为创作空间比较大，所以题材很丰富。传统的题材有人物、花草、山水（山子）。其中，有一些山子类的作品因为是做成浮雕，所以如果石头的表面有裂纹可以轻易避开。
构图	摆件的构图因为空间较大，要做到完美一般很难，特别是因为翡翠在雕刻过程中颜色和种水变化都很大，出现绺裂也是难以避免的。有时候为了将就颜色，会牺牲构图的完美。
创意	市场上大多是仿古的作品，或者是之前的人就有做过的题材，有创意的作品相对少。买翡翠，除了是宝石，它还是一件艺术品，工艺的精巧、构思的得当是十分重要的。一个好的创意，只要配上不错的石料，就是值得珍藏的作品。如果毫无创意，工艺又差，即使石头过得去，也只能算是"大路货"，不能算是收藏品。
底座	为了美观，翡翠摆件一般会配有底座。作品的底座搭配得好可以让作品增色不少，一般的翡翠摆件底座会选用木头和铜创作。高级创意的会使用翡翠原石来搭配。但切忌底座喧宾夺主。

巧色,童趣摆件

超细超薄的黄翡摆件

茶罐摆件

巧雕的甲虫和竹子，宛如古化石一般

完美玉料做成的印章

九 翡翠珠串鉴赏

第四部分
翡翠的鉴赏 Part Four

绿色珠链，色均且阳艳，唯种稍逊

要 素	特征表述
珠子的质量	作为珠链的珠子，颜色、种水、质地、大小及均匀度是鉴赏的重要考量。
项链的长短和佩戴	短链或颈链的尺寸在 13 ~ 16 英寸，长链子的长度在 18 ~ 20 英寸，而礼服链的长度在 30 ~ 36 英寸。长度 16 英寸：正好在锁骨上面，重点突出颈部曲线；18 英寸长度：正好悬挂于锁骨之上，是最常见的长度；24 英寸长度：悬挂于衣服上方，属适中长度；短的项链比较适合日常佩戴，长的则适合配连衣裙等正式的服装。
项链的扣设计	珠链的搭扣设计要华贵、精细。如果珠子比较大，适合用圆形的搭扣；如果珠子比较小，则可以用长形的搭扣来配合。
珠子间隔设计	有些链子因为珠子不够长，比较短，可在两个珠子之间放入其他颜色的翡翠小珠子或金属及其他材质的小珠子来装饰。这样的搭配可以减少珠子和珠子之间的磕碰和磨损，如果设计得当，效果反而更佳。

种色一流的珠链，取料难得

淡紫色珠链和耳坠，玫瑰金隔珠使
之增色

翡翠镶嵌作品鉴赏要点

第四部分
翡翠的鉴赏　Part Four

鉴赏内容	鉴赏要点
设计款式	①设计款式体现原石的美感。②款式受市场喜爱程度。③有独特的设计风格。
品质鉴别	①翡翠颜色质量。②是否有裂、有棉絮、有黑点瑕疵。③原石比例是否协调。
镶嵌工艺	①配石的平整。②焊点的细腻度，金的抛光面，接触点的处理。③金选择和效果。
效果评价	①调水★效果如何。②色彩搭配是否到位。③整体布局如何，作品是否有动感。④寓意主题是否突出，是否有生命力。

★调水，指镶嵌作品中背盖与主石的距离的调整，使作品种色达到最佳。

镶嵌要能与主题呼应才能为作品增色

可爱素雅的镶嵌作品

轻奢点缀的镶嵌作品

时尚个性的镶嵌作品

简洁平滑的镶嵌佛公

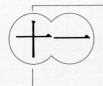

十一 翡翠戒指鉴赏

第四部分
翡翠的鉴赏 **Part Four**

要素	特征表述	选佩要点
主石	根据种、水、色、底、裂、工、形体比例鉴赏主石的品质，品质好的翡翠使用较好镶工和金属及配石。	①戒指的圈口选择。东方人的圈口大小在8~18号之间。选购戒指时，夏天以戴上戒指后稍紧为宜，冬天则以戴上后可左右转但又不脱落为宜。
金属	常用的金属为铂金、18K金、14K金、银等。	②戒指的戴法。戴在食指上的戒指，要求有立体感的造型，经常要比较夸张的款式以显示个性。戴在中指上的
镶工	金属的抛光面是否细腻；配石是否严密无空隙，均匀流畅，光滑平整；主石是否牢固；爪的位置分布是否均匀，大小是否一致，是否圆滑，会不会尖锐割到衣服。如果背部封底镶口，调水效果如何。	戒指要求大气、有重量感，能够给人以较正式、积极的感觉。戴在无名指的戒指适合正统造型。戴在小指上的戒指适合可爱、秀气的造型。
款式	款式设计是附加值的重要部分，原创和模仿的款式所需要付出的成本完全不一样的。款式的鉴赏除了整体美观和风格要求外，还要考虑镶嵌的难易程度和镶嵌工艺的不同。	③手指形状与戒指。手指修长，适宜宽戒和有体积感的戒指；肥胖型的手适合戴螺旋造型的戒指，这样能使手指稍显纤细；短粗型的手可选择流线造型的戒指。
搭配	一般使用的配石有钻石、小的翡翠、玛瑙以及水晶、碧玺等彩宝。主石和金属、配石的颜色搭配会对整体效果影响很大，比如紫色主石更适合选用黄色金属和钻石搭配。搭配时还要注意比例，突出主石。配链或配绳的色彩也是整体的一部分，应在鉴赏之内。	④戒指和其他手部饰物的搭配。不要让不协调的两件配饰在同一只手上出现，不要把两件绿色差别很大的手镯和戒指戴在一起。在同一只手上戴两枚戒指时，色泽要一致，而且一枚戒指复杂时，另一枚一定要简单。最好选择相邻的两只手指佩戴，不要中间隔着一座"山"。
主题	款式设计后作品的主题会发生新的变化，不同主题表达的内涵和意义不一样。没有主题的镶嵌只能起到加固的作用。	

红宝配白色玻璃种戒指

狮子主题的玻璃种戒指

形体好、满绿的戒指

形体好、双凸、满绿的男士戒指

花形可爱的玻璃种戒指

镶嵌了彩色宝石的戒指

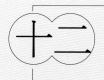

十二 翡翠胸针鉴赏

第四部分
翡翠的鉴赏 **Part Four**

鉴赏要素	特征表述	选佩要点
主石	根据种、水、色、底、裂、工、形体比例鉴赏主石的品质。	①因季节不同选择不同。夏季宜佩戴轻巧型胸针；冬季宜佩戴较大的、款式精美、质料华贵的胸针；而春季和秋季可佩戴与大自然色彩相协调的绿色和金黄色的胸针。
金属	常用的金属为铂金、18K金、14K金、12K金、9K金、银、铜等。	
镶工	金属的抛光面是否细腻；配石是否严密无空隙，均匀流畅，光滑平整；主石是否牢固；有没有过于尖锐的角；如果背面封底镶口，要看后盖是否封紧，调水效果如何。	②搭配衣服和发型。一般穿带领的衣服，胸针佩戴在左侧；穿不带领的衣服，则佩戴在右侧。头发发型偏左，佩戴在右侧，反之则戴在左侧。如果发型偏左，而穿的衣服又是带领的，胸针应佩戴在右侧领子上，或者干脆不戴。
款式	胸针一般较大，整体美感很重要，许多翡翠胸针会设计成坠子和胸针两用的，要特别关注款式的实用性。	
搭配	一般使用的配石有钻石、小的翡翠、玛瑙、珊瑚以及水晶、小宝石、碧玺等彩宝。主石和金属、配石的颜色搭配会影响整体效果，设计整体与服装的搭配也很重要。	③胸针佩戴场合。胸针虽然一年四季都可以佩戴，但设计夸张的、比较大的胸针，只是在一些比较正式的场合才佩戴。
主题	胸针的位置比较显眼，主题要能表达主人的个性和风格或愿望和祝福。	

设计别致的自行车胸针

满翠叶子做成的胸针

粉色蓝宝石渐变镶嵌而成的
华贵胸针、胸坠两用款式

翡翠耳饰鉴赏

第四部分
翡翠的鉴赏 Part Four

鉴赏要素	特征表述
主石	根据种、水、色、底、裂、工、形状和形体比例鉴赏主石的品质,观察两颗主石的大小品质是否一致或接近。
金属	常用的金属为铂金、18K 金、14K 金、银等。
镶工	金属的抛光面是否细腻;配石是否严密无空隙,均匀流畅,光滑平整;主石是否牢固;爪的位置分布是否均匀,大小是否一致,是否圆滑,会不会尖锐割伤;如果背部封底镶口,要看后盖是否封紧,有无雕花,调水效果如何。
款式	耳饰可以分成耳环、耳钉和耳坠。款式设计一般根据人的年龄大小选择类型,根据整体性选择风格。
搭配	一般使用的配石有钻石、小的翡翠、玛瑙以及水晶、碧玺等彩色宝石。主石和金属、配石的颜色搭配会对整体效果影响很大,要看款式是否有考虑到脸型和耳垂的大小及形状、皮肤等因素。
主题	主题一般需要与整体风格和胸坠款式风格有关,耳饰是套件的重要组成,也是社交中的重要关注点,主题清新靓丽,会令人精神倍增。

高贵的紫色耳坠

高贵的紫色耳坠

选佩要点：

①耳朵与耳饰。耳朵因人而异，有大有小，这与人的整体形象也密不可分，戴耳饰可以改善和弥补这种先天不足。大耳朵的人选择大一些的耳饰，使别人的注意力容易集中在耳饰上；小耳朵的人要选择较小的耳部饰品，以有光泽感的小耳钉、小耳环为主；耳朵长得不太美的人可佩戴较大型的耳扣以掩饰不足；耳朵长得美的人宜佩戴下垂耳坠，以显示耳朵之美俏，以免环饰掩盖了耳朵的美。

②耳饰与脸型。圆脸型的人，宜用长而下垂的方形或三角形耳饰；耳坠最适宜圆脸型的女性佩戴，长长的耳坠向下垂挂，能使面孔产生椭圆形的美学效果。瘦长脸形的女性适合佩带增加脸型宽度感的耳环，大方型及大圆型是比较理想的款式；方脸形的女性可戴卷曲、较粗大的悬吊型耳饰或较大且紧贴耳朵的悬挂式的耳饰，以使脸显得狭长些。

③耳饰与发型。短发的女性，如果所戴耳环、耳坠与发梢同样长，会影响美感，适宜佩戴较短的耳饰；长发的女性佩戴耳坠会显得漂亮醒目。

④耳饰与气质。一般来说，体积较大的耳饰比较性感，显得情调浓郁而有浪漫气息，这种耳饰较适合年轻的、活泼开朗的、喜欢交际的女性；素净的耳饰则可使人显得清秀脱俗，这种耳饰较适合文静型、内秀型的女性佩戴。

时尚的白色玻璃种耳坠

金玉满堂耳坠

苍翠耳坠拨动心弦

优雅大气的设计

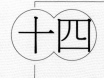

翡翠坠子鉴赏

第四部分
翡翠的鉴赏 Part Four

鉴赏要素	特征表述
主石	根据种、水、色、底、裂、工、形体比例鉴赏主石的品质。坠子的主石较大，品质要求较高。
金属	金属需要为主石增色，并且和作品创作的风格服务。常用的金属是铂金、18K 金、14K 金等。
镶工	检查金属的抛光面是否细腻；配石是否严密无空隙，均匀流畅，光滑平整；主石是否牢固；爪的位置分布是否均匀，大小是否一致，会不会尖锐钩坏衣服；如果背部封底镶口（除了白色和黑色之外常有封底），要看后盖是否严紧，有无雕花，调水效果如何，翡翠和镶底之间的缝隙是否可以让光通过而使种水颜色提升。
款式	原创和模仿的款式所需要的付出的成本是完全不一样的。款式的鉴赏除了整体美观和风格要求外，还要考虑镶嵌的难易程度和镶嵌工艺的不同。
搭配	一般使用的配石有钻石、小的翡翠、玛瑙以及水晶、碧玺等彩宝。主石和金属、配石的颜色、配绳的搭配会对整体效果有影响。
主题	款式设计后作品的主题会发生新的变化，总体应该使翡翠更具吉祥美好的意义。如果主石是雕刻件原来的主题，镶嵌部分的含义和雕刻的图案需要呼应为佳。

充满动感的设计

福上添福坠。

选佩要点：

①要和自己的脸型相配。圆脸型的人，一般需要佩戴长形的坠子来拉长脸部的线条；国字脸的人要选圆弧形的坠子，以增加柔和感。

②要和自己的年龄相配。年纪轻的适合花哨时尚点的坠子，中年人适合镶嵌华贵的坠子，年纪稍大的适合简单的能显露个性的坠子。

③要和自己的服饰相配。比如当您穿一件露出脖子的衣服来贴身戴一件坠子的时候，您所佩戴的坠子的位置要使露出的部分构图比较美，不要偏上或者偏下，这样会不够端庄，也不够吸引人的眼光。如果坠子戴在衣服外，那么坠子的颜色、大小要和衣服相配。

④要和场合相配。正式场合、社交场合、休闲场合要根据场面的大小、环境和到场人员状况搭配合适的饰品。

别有情趣的坠子

典雅简洁设计

美丽绽放的戒指、坠子两用作品

十五 翡翠手链鉴赏

第四部分
翡翠的鉴赏 **Part Four**

鉴赏要素	特征表述
主石	根据种、水、色、底、裂、工、形体比例鉴赏主石的品质。主石数较多，一般是素面的翡翠。同一石料同色系近品质最佳。
金属	金属需要为主石增色，并且为作品创作的风格服务。常用的金属是铂金、18K 金、14K 金等。金属的面积较大，对色彩和工艺的要求更高。
镶工	检查金属的抛光面是否细腻；配石是否严密无空隙，均匀流畅，光滑平整；主石是否牢固；镶爪的位置分布是否均匀，大小是否一致，会不会尖锐钩坏衣服；特别注意开关处的处理，要便于开关，不易损坏。
款式	款式整体要时尚雅致、唯美，能与配饰风格一致更佳。
搭配	一般使用的配石有钻石、小的翡翠、玛瑙以及水晶、碧玺、小宝石等彩宝。主石和金属、配石的颜色搭配会对整体效果有影响，一般使用均匀的宝石，配石色系比较单一。
主题	一般用于社交场合，主题要突出，风格要特别，线条感要强，能体现个性为佳。

选佩要点：

①和手臂相配。细小骨感的手臂适合戴稍微有点宽的手链，显得秀气可爱；骨架小的人，适当的宽版也很合适，显得时尚大气；如果手比较粗大，则适合中版型的手链，控制在1.5～1.7cm之间的宽度比较适宜。

②和肤色相配。肤色白的人比较好搭配，浅色深色的手链都适合佩戴；肤色偏深的人适合比较深色的物件相配合。

③和衣服相配。要根据衣服的面料、款式选配。

④和年龄相配。年轻人适合戴时尚、花哨的款式，而年纪大点的适合用比较稳重的款式。

⑤手链的长度选择。手链的长度约为20～25cm，佩戴时也应掌握好尺寸。太紧了会影响美观和舒适，太松了又会滑向手部。因此，手链的长度一般也以链条与手腕之间留有拇指粗细的间隙为好。

时尚大方的白色玻璃种镶嵌手链

玫瑰金镶嵌紫罗兰蛋面，配绿色小翡翠，高贵奢华

玻璃种葫芦（福禄）手链，轻奢典雅

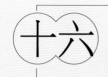

翡翠套链鉴赏

第四部分
翡翠的鉴赏 Part Four

鉴赏要素	特征表述
主石	根据种、水、色、底、裂、工、形体比例鉴赏主石的品质。主石越多越大价值更高，主石为同一石料同色系价值更佳。
金属	金属需要为主石增色，并且为作品创作的风格服务。常用的金属是铂金、18K 金、14K 金等。金属的面积较大，对色彩和工艺要求更高。
镶工	检查金属的抛光面是否细腻；配石是否严密无空隙，均匀流畅，光滑平整；主石是否牢固；爪的位置分布是否均匀，大小是否一致，会不会尖锐钩坏衣服；如果背部封底镶口（除了白色和黑色之外常有封底），要看后盖是否严紧，调水效果如何。
款式	款式整体要大气高贵，层次感要强。若配有戒指、耳饰、手链要考虑风格和色彩搭配。
搭配	一般使用的配石有钻石、小的翡翠、玛瑙以及水晶、碧玺等彩宝。主石和金属、配石的颜色搭配会对整体效果影响很大，主石由小及大的宝石渐变，配石通常选择单一色素。
主题	一般用于正式场合使用，主题要突出，风格特别，线条感要强，能体现主人的个性。

小蛋面做套链更强调款式整体要大气高贵，层次感要强

选佩要点：

① 线条。镶嵌线条与主石形状的线条要配合流畅，风格一致。

② 翡翠的分布和配合。翡翠在套链上的分布应该实现颜色的渐进，一般颜色最好的，放在靠中间显眼的部位；颜色稍逊的放在比较不显眼的地方；个头大的一般在中间，双边渐小。

③ 配石的选择。如果镶嵌中用到其他颜色宝石做配石，配石的色调、档次必须和主石搭配才会出效果。使用钻石要工好够白够亮才会出效果。

④ 链扣搭配。链扣的形状和粗细要和套链的主体部分配合完美，风格一致。

⑤ 佩戴效果。佩戴效果因人的肤色、脸型、脖子形状、锁骨特征以及服饰搭配不同而不同。

套链讲究整体性

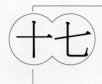

十七 翡翠佩戴搭配要点

第四部分
翡翠的鉴赏 Part Four

★★★★★
场合的搭配

1 职场白领

对于职业女性，职业装的珠宝配饰限制较多，为了彰显自己的个性品位，可以在胸前和耳际以及项链上搭配一些色彩生动的绿色、黄色、紫色、白色玻璃种翡翠，玉石一定要有品质有灵气。比如西服套装的领子边上别一枚曲线形设计的胸针，可以使严肃的外表添加几丝活跃的动感；在职业装的庄重严肃之外，衬托出女性的柔美。

个性呈现，突出气质

159

2 上班族

　　需要经常外出的上班族，可以将项链与手饰搭配成对，更增加个人印象。而久坐办公室的上班族女性，可考虑选择简单的耳环、戒指、坠子款式。

上班族佩戴宜简单点缀、彰显品位

3 派对晚宴

　　派对的气氛能使人兴奋与活跃，这时你选择的翡翠珠宝就非常重要了。晚宴如果穿高贵华丽的服饰，翡翠的款式就不一定要奢华，反而可以选择样式简单大方，色彩较缤纷丰富的组合，并分出重点与陪衬的配件；如果服饰简单，饰品款式就要用奢华亮丽的翡翠来衬托您的个人魅力，用摇曳生姿的耳坠和高贵的套链来展示您与众不同的华贵。

晚礼服的搭配更显隆重

访亲会友

访亲会友，是大家充分展示自己佩戴个性和品位的最佳时机，适时适地地佩戴饰品，增添一点色彩，同时会给您的家人和好友一种热情和轻松的感觉。

5 家居休闲

一般在非正式场合，佩戴有镶嵌的红翡、玻璃种、紫色以及简约大方的翡翠，既适合户外运动，又与休闲服装的搭配相得益彰，平淡中透出一种别样的品位。简洁的长裙，配以翡翠挂件，清新典雅之中尤为娇媚动人。牛仔或全棉质地的衣裤、T恤运动系列，配一款起荧光的玻璃种翡翠手镯，活泼俏皮中还会隐隐透出纯真的韵味。

休闲的佩戴以简单为宜

服装搭配要领

　　从衣服的质地而言，用丝绸、皮质和呢子的衣服去搭配翡翠都很显档次。

　　注意搭配翡翠的衣服，要简洁，质感要好，不要带有荷叶边。

　　另外注意，化妆要干净，头发不要做过多的装饰，把美丽留给翡翠饰品。

从衣服的质地而言，用丝绸、皮质和呢子的衣服去搭配翡翠都很显档次

1 **无肩带服装珠宝的搭配**

（1）紧贴脖子的翡翠短项链

在穿着无肩带连衣裙时，你将露出大部分的脖颈，因此应挑选紧贴脖子或短至胸骨以上的翡翠项链来搭配。

（2）搭配悬垂式翡翠耳环

为使你的无肩带连衣裙造型看上去更完整，应该挑选时尚的悬垂式耳环。根据场合，你可以为你的无肩带连衣裙搭配长长的大吊灯形耳坠，以使着装更显考究；

或者也可以搭配简单的悬垂式耳环，来打造经典的时髦造型。

2 **V领服装珠宝的搭配**

（1）搭配粗短或层叠式项链；

（2）搭配简单的长形耳坠，或者带流苏的耳坠。

V领的佩戴不宜过于华丽　　　　无肩搭配

3 **高领服装珠宝的搭配**

（1）搭配带吊坠的长项链或者胸针

高领连衣裙或毛衫适合搭配长项链，比如串珠或多层的款式或者别上一个胸针。

（2）搭配耳钉

一般短小的项链与高领款的服装相匹配。你可以选择一对耳钉，或者复古的小吊坠耳环也是不错的选择。耳环颜色款式的选择应与长项链相呼应。

红色与绿色搭配
效果不理想

4 **翡翠颜色与服装颜色搭配**

红翡建议与黑色、浅绿色、白色的衣服相搭；紫色翡翠建议与黄色或者红色衣服搭配；黄翡建议配上蓝色或者紫色的衣服使得肤色更显白晰；墨翠建议与大红色、橙红色等亮丽的颜色相搭，显得色彩对比强烈与大气；绿色建议与黑色、灰色、白色、红色服装相搭更彰显贵族气息。

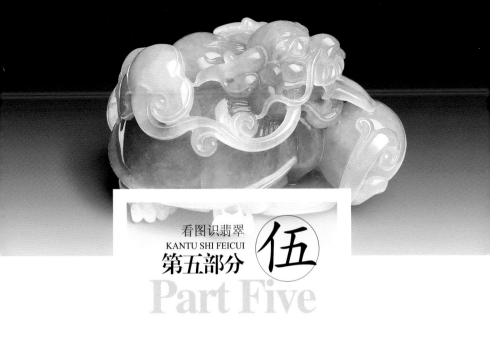

看图识翡翠
KANTU SHI FEICUI
第五部分
伍
Part Five

翡翠的
收藏与投资

FEICUI DE SHOUCANG YU TOUZI

一 翡翠价格形成

第五部分
翡翠的收藏与投资
Part Five

　　翡翠从原石挖出、投标、转手到雕刻，雕刻、设计镶嵌到终端店铺销售，经历了多个环节，其价格因此不断提升，其中主要由各种税费、附加值加工的费用、交易利润等组成。而变化最大的是投标部分，同一原石估价差几倍是常有的事。

寻矿和开采过程中产生开采成本和政府税费

每年在内比都拍卖产生拍卖溢价和税收

在国内平州、盈江等地进行二次拍卖过程产生的运输成本、税费、拍卖溢价。

雕刻设计加工费用

设计镶嵌产生的费用

流通过程产生的税费和溢价

二 翡翠收藏要素

Part Five

工艺绝佳的透雕摆件

要　素	特征表述
质量高	具有稀缺性，完美度好的翡翠。如种色质地齐好的完美无缺的翡翠。
体量好	石头取料尽可能用料大的物件。例如：种水好的宽板手镯（翡翠多绺裂，高质量的手镯因体量大，制作相对困难），厚庄工简的挂坠为佳。
配套难	例如数量多的珠链或套链（数量多时颜色均一较困难）。
工艺佳	最好的饰品类作品雕工往往简单流畅，比例协调，繁简得当，取巧用色，工艺传神，创新别致，文化内涵丰富。摆件和玩件则更加讲究工艺方面的设计和高超的雕工、艺术效果的凸现。
跟主流	价格和收藏方向尽可能参考国际拍卖公司与内地大拍卖公司的讯息，如香港佳士得、苏富比和中国嘉德等的拍卖动向和行情。跟随市场前沿和主流走才不致盲目投资。
求精品	从收藏投资角度思考，好东西不在多而在精中选精，宁可用买十件普品的价格来买一件精品。
找特别	许多取料特别、工艺特别的作品，有特色，趣味盎然，可遇而不可求，值得收藏。

种好色艳设计美的坠子

型体饱满品的厚庄挂坠

种好满绿的手镯

完美的蛋面，高品质的代表

满紫挂坠，蛋面饱满，
颜色均一，少有珍品

翡翠收藏误区

Part Five

序号	错误观点	收藏误区	正确的观点
1	量多风险小。	以量取胜，先价低后价高，减小风险。	数量多不一定风险小，品质和受喜爱程度才是关键，树立精品意识很重要。
2	原石机会多。	原石利润高，周期短，有机会找漏。	原石从矿上运下来，经过买卖，到达收藏者手中往往已有无数人鉴定过，捡漏机会极低。原石存在极大的不确定性，不懂工艺和翡翠矿的成因者往往对原石价格会有极大的妄想和误判，入门者最好是收藏成品。原石可占收藏的一定比例，建议在对成品了解的基础上，并有较好的渠道。
3	绿色翡翠就是好。	把绿色作为收藏翡翠的唯一条件。	相同条件下，绿色的翡翠比较受欢迎，价格也较贵。但是只以绿色为唯一条件而不重视种、质、地和工是很不科学的。要综合评价，以卖相好为导向。
4	翡翠越老越好。	收藏老的翡翠。	翡翠进入中国的时间是明朝后期，市场上所说的老坑和新坑之说主要是为了区分老矿口和新矿口。老坑出精品概率高，但并不是老矿（如老帕敢矿）就出绝对的好翡翠。

序号	错误观点	收藏误区	正确的观点
5	找大店收好货。	相信大店会有好东西。	翡翠的收藏要找信誉过关、有多年传承和有底蕴的商家进行收藏。有时候店不在大，却有好东西，最重要的是长期信誉。
6	投机，想快进快出。	想像股票一样快进快出套利。	由于行业特点，翡翠行业至今没有二级市场，也没有严格意义上的价格标准。收藏心态要摆正，量力而行。
7	以自己喜好收藏。	收藏没有方向和重点，喜欢就收。	收藏需要有一定的知识积累,定位好方向,确认收藏原则,精中选精。
8	价高就是好。	相信价格高的就是好的。	不懂得翡翠就着手收藏者往往以价格为选择标准。但翡翠没有统一价格，不同商家之间，因渠道、成本、设计等不同，定价差别往往较大，应找有诚信、声誉好的商家。
9	流行就是好。	市场流行什么就收什么。	虽然流行都有其道理，但收藏要有自己的想法和审美情趣。
10	绿色越均匀越好。	片面强调选购绿色均匀的作品。	鉴定翡翠的四字要诀为"浓，阳，正，匀"（见前文解释），这四者中"阳"和"正"对价格的影响往往是最大的。
11	越稀有越值钱。	收藏了特别少有的各种翡翠。	除了稀有之外，这类翡翠一定要符合美学原则，同时还要具备质地好的条件，这样才真正"值钱"。

清代的翡翠良品不多，种水较差

没有美感的作品不适宜收藏

纵然是颜色鲜艳，
底太脏也不适收藏

种差料新的翡翠时间长了易风化

收藏更在意美感，小而精也是收藏的对象之一

玩赏级。黄翡冰透观音坠

精确收藏
实施收藏计划

●按计划实施收藏
●与市场同步修正收藏计划

策略制定
与市场对接
并定下策略

●制定收藏策略
●预算制定
收藏路线确认
收藏时间表

●若有机会可参与作品设计
●财力允许,可触及各门类精品
包括原石的收藏
●与有信用商家专家保持关系

深入定位
参与实践

●对收藏有更深体会,
重新理清需求
●收藏方向缩小
●确认收藏意向

重新定位
收藏方向确认

知识积累
理论学习

●学习权威性著作,提高理
论知识
●通过专业培训班学习
●与行家面对面沟通学习

需求定位
理清需求

●根据价值观和审美观选择自己的定位
●根据自身的财力进行初步定位
●收藏作品的属性和特点描述

贴近市场
检测思路

●找有信誉的行家、商家采购
●从成品入手小量购买

小量试水
寻找路径

●到市场看大量标本
●不同产品对比,找出差别,
提高眼力,包括价格对比
●根据收藏要素反复练习

产品对比
锻炼眼力

配饰级。冰种可爱荷花坠

玩赏级。紫色翡翠山子

工艺极致的名家摆件，值得任何时候投资

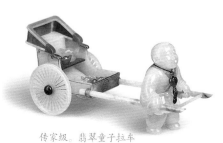

传家级。翡翠童子拉车

收藏级。玻璃种满绿观音坠

翡翠投资要素

要 素	特征表述
可人	投资中最为关键的是作品的周转周期，因而作品的可人程度很重要，作品要越看越美的为上。
稀少	少有、奇特是投资中的至上原则，少是增值的前提条件，作品一定要量少且特别。
形体好	同样情况下，形体要好，比例要完美，更具增值空间。如其他条件相同，厚实饱满的蛋面要比扁的价值好很多。
完美度	翡翠原石裂多，越是完美的作品就越稀少，也越经得起时间的考验。成熟消费者也愿意为完美付更多的费用。
特殊性	不同时期会有不同特殊性的作品受喜爱，比如兔年喜欢关于兔的作品，作为礼品则喜欢有特殊寓意的作品等。
工细	工艺是消费者选择好的摆件和玩件的重要因素，特别是名家作品，更有增值空间。
意境	意境好的作品，需作者有较好的人文修养和创新思维，市场上少之又少，值得投资。

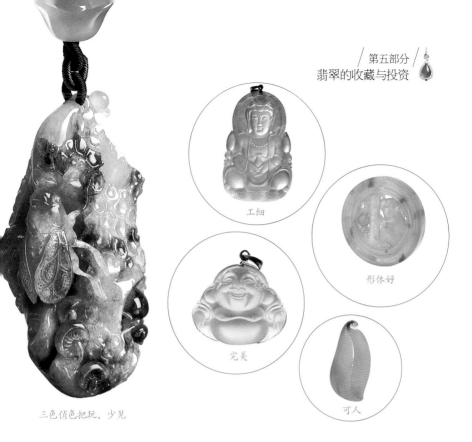

工细

形体好

完美

可人

三色俏色把玩，少见

颜色纯正起光且素净的翡翠极少见，值得投资

原石投资，赌性大，变化大，风险高

六 翡翠投资误区

第五部分
翡翠的收藏与投资　Part Five

误区分类	误区描述	解读与解毒
渠道误区	贪便宜，在地摊上或者旧货市场淘宝。	地摊和旧货市场的好货少、机遇少，并且流动性大，售后服务没有保障。
	迷信大的店家，以为在大的店家一定能买到精品。	一些大的店家，东西都是由买手从各地搜集的，买手的素质与眼光影响了物品的品质。
	迷信所谓产地或者是集散地，以为在缅甸等地可以找到物美价廉的东西。	如果没有熟悉门道的人带路，即使到了集散地，也买不到合适的东西。缅甸翡翠原石都用于出口，本国极少加工生产。
投资误区	贪大，喜欢大件的东西，不注重它的品质。	不懂得翡翠的评价因素，片面求大。没有种水、工一般的作品不值得收藏。
	贪多，收藏量大，不注重品质筛选。	收藏很多，但级别都一般，变现能力、增值潜力差。品质才是变现的先决条件。
	单纯为了价格，将就品相。	"色差一分，价差十倍"，翡翠的颜色、种水、瑕疵有差别，价格差别就大。有的买家因为贪便宜，意识不到位，老是买有大缺陷的东西，不宜长久收藏。
	过于追求完美。	"玉无完玉，人无完人""天无云，玉无纹"，要求得到完美、完全符合自己梦想的翡翠难度很大。
心态误区	到处查问收藏品的价格。	翡翠增值快，不怕买贵，就怕买不对，只要收藏的东西足够好，就算稍稍高于当下的市场行情，也可以在时间增值中很快弥补回来。
	着急变现增值。	翡翠变现不如黄金、钻石等物，要有长期收藏持有的心理准备。其实，收藏就是一种心情，不要急躁，时间是增值的好武器。

七 翡翠的投资流程图

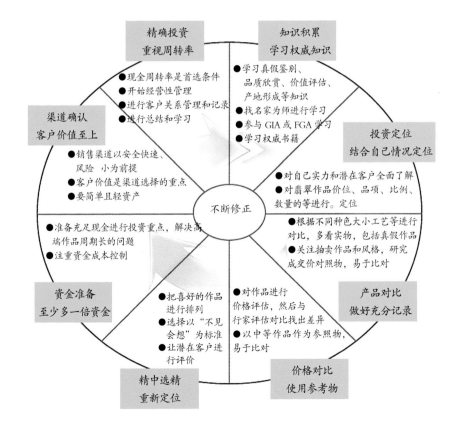

精确投资
重视周转率
- 现金周转率是首选条件
- 开始经营性管理
- 进行客户关系管理和记录
- 进行总结和学习

知识积累
学习权威知识
- 学习真假鉴别、品质欣赏、价值评估、产地形成等知识
- 找名家为师进行学习
- 参与 GIA 或 FGA 学习
- 学习权威书籍

渠道确认
客户价值至上
- 销售渠道以安全快速、风险 小为前提
- 客户价值是渠道选择的重点
- 要简单且轻资产

投资定位
结合自己情况定位
- 对自己实力和潜在客户全面了解
- 对翡翠作品价位、品项、比例、数量的等进行。定位

不断修正

- 准备充足现金进行投资重点，解决高端作品周期长的问题
- 注重资金成本控制

- 根据不同种色大小工艺等进行对比，多看实物，包括真假作品
- 关注拍卖作品和风格，研究成交价对照物，易于比对

资金准备
至少多一倍资金
- 把喜好的作品进行排列
- 选择以"不见会想"为标准
- 让潜在客户进行评价

对作品进行价格评估，然后与行家评估对比找出差异
以中等作品作为参照物，易于比对

产品对比
做好充分记录

精中选精
重新定位

价格对比
使用参考物

177

八 翡翠的投资渠道

第五部分
翡翠的收藏与投资

Part Five

投资项目	地　点	简　介
原石投资	缅甸"公盘"	拍卖的形式为暗标，也有明标。大的、规律性的公盘是每年3月、7月、10月共3次。
	广东平洲的公盘	拍卖的形式为暗标。广东的平洲，只对会员开放，需要有人推荐。
	云南盈江的公盘	拍卖的形式为暗标。
	腾冲的商号	商号类似中介，可以谈价格。缴纳15%税收。
	瑞丽的商号	有许多分开的商号，类似腾冲的商号。
成品批发市场	腾冲市场	以小别墅为单位，许多私人经营，高低档次不等，要有渠道才能找到好的东西。
	瑞丽姐告市场	有固定店铺和缅甸行商，姐告有早市。
	广州市场	有许多大大小小的档口，是所有集散地中档口最多的市场，东西也最多，档次不一。
	四会市场	以生产摆件和玩件的厂家居多，高档的料子比较少。
	揭阳市场	精致的首饰类作品居多。工艺细腻、中高档作品居多。
	平洲市场	最早是B货的工厂多，这几年有新发展，许多广州做翡翠的商号设加工厂在那里，以手镯加工为多。
零售终端精品渠道	拍卖行	香港佳士得、苏富比、天成和邦汉斯都是较知名的拍卖行。品相、真假产品有保障。价格较高。
	专业大卖家	如七彩云南及拥有大品牌的商家等。
	老行家	产品质量和美感比较有保障。
	收藏家	因为收藏许久，可能有些藏品会割让，一般品相有保证。
虚拟渠道	股票交易所 交易所	证券二级市场，如东方金钰等。翡翠艺术品打包在文交所销售，如澳交所的"金龙翠宝"等产品。

腾冲玉市

平洲玉市

四会玉器街

揭阳玉都

平洲公盘是国内进行原料交易的重要渠道

内比都的公盘是翡翠的唯一出口渠道

翡翠买卖的行规

	类别	概　述	专业做法
买家	礼仪规范	用心关注，用力握紧。	欣赏作品时不做大动作。欣赏时用力握紧重要部分，防止脱落。
		翡翠不过手。	不用手接别人递来的作品，请对方把翡翠置于托盘或软垫上再欣赏，可明确责任，也是礼貌的行为。
		不随意评价他人的翡翠。	在他人主动请你评价时进行客观的评价。
		不经允许，不要翻看卖家私藏的东西。	正常情况需等卖家一件件分享，特别喜爱时可在得到卖家的同意后逐件欣赏作品。
	行为规范	别人交谈时不主动插嘴。	最好静静地聆听，别人请你提建议时再发表观点。
		给价慎重，不想买的东西不还价。	先欣赏，然后确认自己要采购，再询问价格。
		在众人面前不过多询问价格等。	在私下进行询问，不过多发表主观感性评论。

	类别	概　述	专业做法
卖家	信用规范	提供天然的翡翠鉴定证书。	提供专业机构出具的天然证书，高价位并附有大克拉配石的作品还须附配石天然证书。瑕疵、纹路等问题须尽量讲清楚、到位，确保信息对称。
	付款规矩	定制的作品需要先付定金后取货，交货期间一般不可有变故。若有变故须与客户预先达成一致。	一般定金的数量是全款的 10%~30%，付过定金后，商家会按照约定在一定时间内为买家保留商品。超过约定时间客户无法交足余款，商家可以继续销售，并有权不返还定金。
		同行调货需预付定金。	同行调货销售产品，一般需要付 50% 的款就可把东西拿走，等卖掉后再付剩下的余款。如果卖不掉，调货者可在完好返还货品的情况下向货主收回已经支付的 50% 款项。
	退货的规矩	在卖之前声明了售出不退的可以不退。	在采购之前，需要与商家就真假、退货、收据、发票等手续事先达成协议。
		东西是真的，因为买贵了回来退的可以不退。	
		作品已改制或损坏，无法保持原样的可以不退。	
		售出超过半个月或预定的后悔期，可以不退。	

翡翠的保养

第五部分
翡翠的收藏与投资 **Part Five**

翡翠属于无机宝石，正常的使用不需过多的保养，对于化妆品、洗发水、淋浴液等的腐蚀影响不大，一般的轻微磕碰亦不会影响它。但同时在使用中也需要定期的保养和注意不必要的损坏。

（1）不要长时间靠近热源，翡翠经过烤灼会使其内部分子体积增大，造成翡翠失去温润的水分，使其种质变干，而其颜色也可能会相应变淡。

（2）尽可能避免灰尘、油污：日常玉器若有灰尘或油污的话，宜用软毛刷（牙刷）清洁；若有污垢或油渍等附于玉面，应以淡肥皂水刷洗，再用清水冲净。

（3）注意不能与硬物有夸张的碰撞和撞击。

（4）佩戴旧的翡翠表面易存在磨损而有划痕，建议佩戴一段时间后最好重新抛光，以保持表面的亮丽。

（5）存在裂纹的翡翠要特别小心大的碰撞，以免裂隙加大，破坏美感。

★ ★ ★ ★ ★

日常清洗
要点

  使用牙膏和牙刷进
行日常清洗

2 先把需要清洗的翡
翠浸在水中

3 涂上牙膏并用刷轻轻刷洗

④ 用手洗去残留的牙膏

⑤ 用干布擦拭

⑥ 一般佩戴的翡翠 2 个月需清洗一次